Scilab语言应用系列

Scilab
语言与控制系统的仿真分析

戴凤智　张鸿涛　张添翼　编

化学工业出版社
·北京·

内 容 简 介

Scilab非常适于科学计算、控制系统分析、数字信号处理以及数字图像处理等领域，而且它是开源、免费的。本书介绍将Scilab语言应用于控制系统仿真与分析的方法，共分9章。第1章介绍Scilab软件并引出控制系统的概念。第2、3章分别从Scilab使用和控制系统的角度介绍必要的数学基础。第4章着重于传递函数的概念及其Scilab的仿真。第5、6章分别在时域和频域对控制系统的响应、动态性能和稳定性进行仿真与分析。第7～9章是现代控制理论部分，分别介绍了状态空间表达式的计算、状态的能控性与能观测性，以及状态反馈下的极点配置和带观测器的状态反馈系统的设计。

本书可供相关领域的工程技术人员、科研工作者参考和自学，也非常适于作高等理工科院校自动控制及相关专业本科生或研究生教材。

图书在版编目（CIP）数据

Scilab语言与控制系统的仿真分析/戴凤智，张鸿涛，张添翼编.—北京：化学工业出版社，2021.9

ISBN 978-7-122-39331-9

Ⅰ.①S… Ⅱ.①戴…②张…③张… Ⅲ.①数值计算-应用软件-应用-自动控制系统-系统仿真 Ⅳ.①TP273

中国版本图书馆CIP数据核字（2021）第114424号

责任编辑：宋 辉　　装帧设计：张 辉
责任校对：宋 玮

出版发行：化学工业出版社（北京市东城区青年湖南街13号 邮政编码100011）
印 装：三河市延风印装有限公司
710mm×1000mm 1/16 印张11 字数188千字 2021年9月北京第1版第1次印刷

购书咨询：010-64518888　　售后服务：010-64518899
网 址：http://www.cip.com.cn
凡购买本书，如有缺损质量问题，本社销售中心负责调换。

定 价：48.00元

前言

Scilab 非常适于科学计算、控制系统分析、数字信号处理以及数字图像处理等领域，而且它是免费的（free）、开源的（open source）。

作为免费并且开源的 Scilab，在工具箱开发和参考书方面稍显薄弱。这就需要我们这些热爱开源的人们来做贡献了。而本书就是基于这一信念，将笔者的使用经验写出来供大家学习和参考。

本书介绍的是 Scilab 语言应用于控制系统仿真与分析的方法，为此我们建议读者在学习本书之前可以先做一些准备工作，那就是对控制系统要有一些了解，这样能够更好地使用本书。在书后提供了一些参考文献，特别列出了笔者基于多年讲授《自动控制原理》课程的经验而撰写的教材，这些参考文献在本书的编写过程中多有参考，建议您结合本书一起来阅读学习。当然，本书也在讲述比较重要和比较专业的内容时做了较为详细的说明，因此您直接阅读本书也没有问题。

在掌握了 Scilab 的基本操作之后，您就可以利用书中的控制系统知识和例题进行仿真，这能够极大地加深学习兴趣和提高理论水平，也是理论联系实际的好途径。相信学习完本书，您对控制系统和自动控制理论会有更加深刻的理解。

本书是计划撰写的 Scilab 语言仿真系列的第一本，后面还将继续完成 Scilab 应用于数字信号处理、数字图像处理等领域的仿真与分析的图书。我们希望当您有了一定的经验之后也可以分享给大家，例如开发出自己的 Scilab 控制系统工具箱并发布出来，那时候您就成为这一领域的高手了。

全书共分 9 章。第 1 章介绍 Scilab 软件并引出控制系统的概念。第 2 章和第 3 章分别从 Scilab 的使用和控制系统的角度介绍必要的数学基础。第 4 章着重于传递函数的概念及其 Scilab 的仿真。第 5 章和第 6 章分别从时域和频域对控制系统的响应、动态性能和稳定性进行仿真与分析。第7～9章是现代控制理论部分，分别介绍了状态空间表达式的计算、状态的能控与能观测性，以及状态反馈下的极点配置和带观测器的状态反馈系统的设计。

本书可供相关领域的工程技术人员、科研工作者参考和自学，也可作为高等理工科院校自动控制及相关专业本科生或研究生教材。

本书是在中国人工智能学会智能空天系统专业委员会和天津市机器人学会的指导下完成的。本书第1～3章由张添翼、芦鹏、程宇辉编写，第4～6章由张鸿涛、赵继超、郝宏博编写，第7～9章由戴凤智、温浩康、张倩倩编写。全书由戴凤智和张鸿涛最终整理，由刘岩、李家新、贾芃、王虎诚、戴晟完成文字校对和 Scilab 程序的审核。

为了便于读者学习，本书提供书中例题主要程序的下载，手机扫描下方二维码，复制链接，即可在电脑端下载。

由于编者水平有限，书中难免有疏漏或不妥之处，恳请读者批评指正。

编者

扫二维码，下载书中例题主要程序

目录

第1章 Scilab软件与控制系统仿真

1.1 Scilab 软件

Scilab 是 Science 和 Laboratory 这两个英文单词各自前三个字母的拼接，中文名称为科学实验室，是法国国立计算机科学与控制研究所 INRIA 与法国国立路桥学校 ENPC（现为巴黎高科路桥大学）合作开发的一款免费科学计算与仿真软件包，现在由 Scilab 协会进行开发和维护。

Scilab 是一款与 MATLAB 类似的开源软件，可以实现 MATLAB 上几乎所有的基本功能，如科学计算、数学建模、信号处理、决策优化、线性与非线性控制等。而且 Scilab 有一个类似于 MATLAB 中 Simulink 的工具 Xcos。

由于 Scilab 的语法与 MATLAB 比较接近，所以熟悉 MATLAB 编程的人能够很快掌握 Scilab 的使用。此外，Scilab 提供的语言转换函数可以自动将用 MATLAB 语言编写的程序转换为 Scilab 语言。Scilab 的主要特点如下：

• 是开源且免费的软件。Scilab 的官方网站为用户提供了最新和旧版软件下载与使用手册。

• 支持 WINDOWS，Linux/Unix 和 MacOS 等多平台。

• 配备有图形用户接口（GUI），对于习惯用 Simulink 的用户是一个极大的便利。

• 支持 2D、3D 图形显示和音频模式，操作方便，适合初学者学习。

• 支持 C 语言编程，具备各类接口，极大提升编程效率。

• 执行环境为翻译器，虽然在执行速度上不具有优势，但是在小规模运算方面非常便利，也容易查找错误。

- 丰富的命令可以完成线性代数、控制系统设计、信号处理、优化等多种计算任务。

1.2 控制系统简介

本书是以 Scilab 软件来学习和仿真控制系统中的自动控制原理，所以书中关于 Scilab 的介绍和应用实例都是关于这一领域的操作。如果读者还希望了解其他更多 Scilab 的功能，可以阅读相关的参考文献，或者在 Scilab 主页上查阅文档和案例。

在此有必要解释一下控制系统。

系统（system）一词最早来源于古希腊语中的 systema，原意为有组织的整体。系统一词在学术上定义为：拥有若干功能的要素形成集合，并对给予的刺激（控制系统的输入量或扰动）做出对应的反应（控制系统的输出量）。

控制（control）是指让被控对象向着我们希望的方向、行为或趋势去变化。反过来说，对于不受控制的被控对象将无法达到我们希望的结果（即控制目的）。

控制系统（control system）是将控制器和被控对象作为一个完整的系统，当给该系统一个输入信号之后，控制器遵循某种控制方法使被控对象的输出达到希望值或者希望的变化过程，如图 1-1 所示。

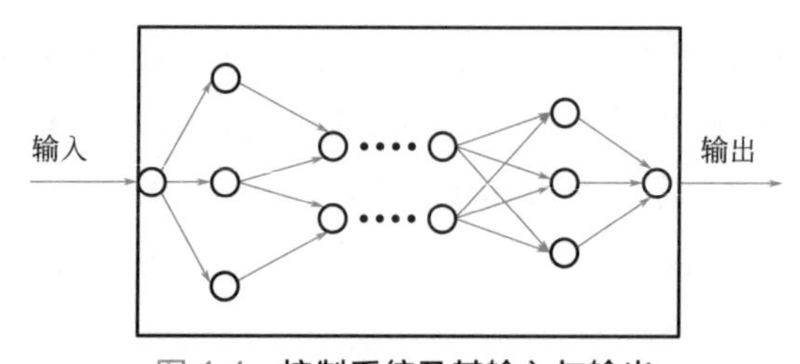

图 1-1　**控制系统及其输入与输出**

控制系统多种多样，下面以汽车驾驶控制为例来说明。我们知道要让汽车沿着行驶路线前进，驾驶员需要不断地执行以下三个环节来控制自己的操作。

- 观察：首先要用眼睛观察汽车所处的环境和行驶的状态。
- 决策：在大脑中根据观察的结果进行判断并决策出调整汽车前进的最佳途径。

• 操作：在有了决策之后，通过手和脚这些执行器官（是直接对汽车进行操作的执行器）来操作方向盘和油门。

以上三个环节缺一不可，并且要不断地循环往复，否则汽车就会产生失控现象并最终有可能导致危险。如图 1-2 所示，如果汽车在向前行驶的过程中没有呈现出直线状态，肯定是上述三个环节中的一个或多个出现了问题。

图 1-2 **汽车行驶轨迹**

因此开车的过程就是驾驶员将自己的意志传递给手和脚并使其按照自己的意愿控制汽车完成相应的动作，从而控制汽车前进的过程。这一完整的处理过程就是前面提到的三个环节：①观察。人体的感觉神经将人眼看到的视觉信息传递给大脑。②决策。当发现汽车偏离行驶轨道时就要迅速进行分析与处理，并完成决策。③操作。将决策传送给肌肉，最终通过手和脚分别控制方向盘和油门（或刹车）使汽车按照自己的意图前进。

按照自动控制原理中的结构图设计，上述驾驶汽车的这一控制系统可以表示成图 1-3。

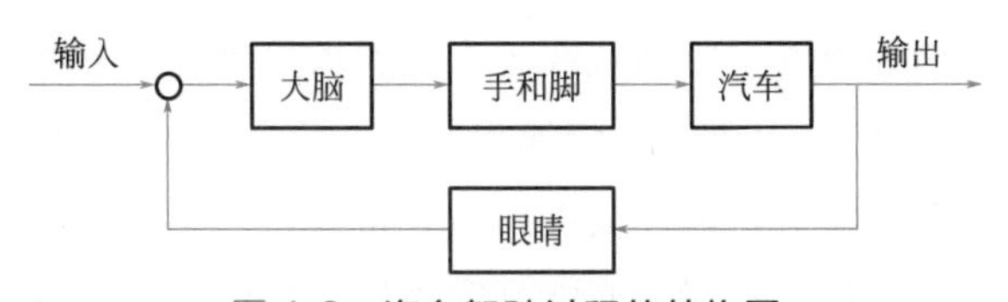

图 1-3 **汽车驾驶过程的结构图**

在图 1-3 中，“输入”是希望汽车行驶的状态（即走在行车道的正中间），“输出”是汽车实际所处的位置。利用眼睛将实际的输出观察后反馈回来与输入做对比。当输出等于输入（表示汽车确实走在行车道的正中间）时，不做任何处理。而当输出不等于输入（此时汽车没有走在行车道的正中间）时，大脑计算出汽车偏离了多少并控制手和脚去校正汽车的位置。

因为在上述过程中眼睛要将实际的汽车行驶位置（图 1-3 中的“输出”）观察后反馈回来给大脑，所以这里又引出了一个“反馈”的概念，它在控制系统中是极为重要的。

1.3 反馈在控制系统中的重要性

控制系统能够很好地被使用，原因之一就是反馈在起作用。仍以驾驶汽车为例。在图 1-3 所示的汽车驾驶系统的结构图中，我们是希望汽车走在行车道的正中间（这一希望值就是系统的输入），而眼睛观察到的是汽车当前所处的位置（即系统的输出）。只有当眼睛看到的汽车状态被反馈回来之后，大脑才能够将控制系统的“输入”和“输出”做减法，从而得到车辆当前在行走时距离车道中心线的偏移距离。

在人脑中将汽车的实际位置（系统的输出）和道路的正中间位置做“减法”得到偏差值之后再对应地修正方向盘和油门。如此一来，汽车便能被控制在车道的正中间行驶。

我们注意到在这一过程中有两个关键点。一是系统的输出要被反馈回来并形成回路。二是反馈回来之后要与输入做“减法”。

在控制系统中，将这种输出返回到输入的行为称为反馈，而这种基于反馈的控制被称为反馈控制。如果输出反馈回来后与输入做“加法”，就是正反馈控制，如果是做减法就是负反馈控制。

那么反馈控制的优点在哪里呢？它的优点就在于将系统的“输出”不断地反馈回输入，通过实时的控制可以使得两者的偏差值降低甚至为零。而且通过反馈可以不断地了解到诸如道路上的凹坑或者有无斜坡等情况（这些在控制系统中被称为干扰）。在有干扰的情况下，系统输出与输入之间的偏差值肯定会发生变化。控制理论表明，该偏差值可以通过反馈回路获得修正。

这就是反馈控制的优点。因为通常是利用做“减法”来计算系统的输入与输出的差值，因此大多数控制系统都是负反馈控制系统。为此，图 1-3 应该修正为图 1-4，即从输出反馈回来的信号要加上一个“负号”，之后再形成回路。

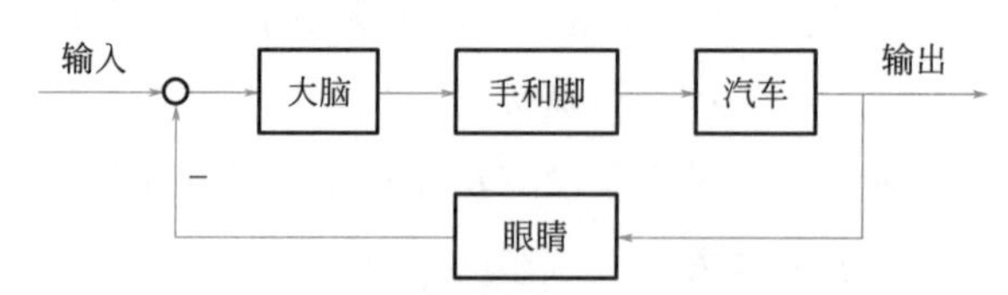

图 1-4 **汽车驾驶过程的负反馈结构图**

图 1-4 是汽车驾驶控制过程的结构图，此时汽车是由驾驶员来控制的。下面我们再谈谈自动控制系统。其实很简单，自动控制系统就是将控制过程中的人为

因素去掉，替换成各种装置。例如，把图 1-4 中的“大脑”换成计算机或控制器，把“手和脚”换成可自动控制的方向和速度驱动装置，把“眼睛”换成摄像机等传感装置，如图 1-5 所示。

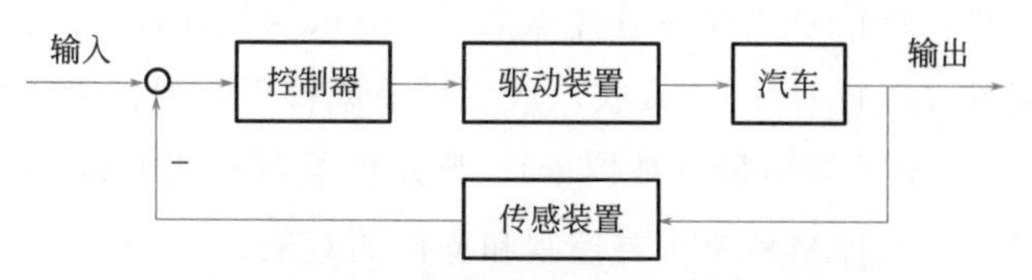

图 1-5 汽车自动驾驶控制的负反馈结构图

现在我们再将图 1-5 抽象化，得到一般的自动控制系统的基本组成结构，如图 1-6 所示。可以看出，一个控制系统允许存在多个（当然也可能只有一个）反馈回路。

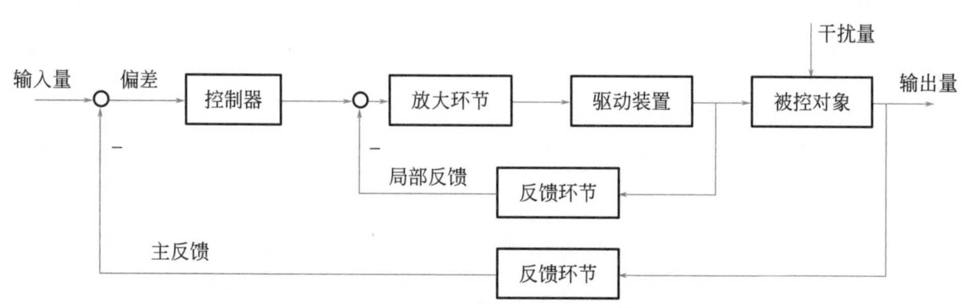

图 1-6 自动控制系统负反馈控制的基本组成

在图 1-6 中各部分的意义如下：

① 箭头：表示信号流动的方向。信号只能按照箭头方向移动，不可逆向流动。

② 输入量：是指在控制系统中被控量（输出量）所希望达到的值，也称为参考输入。

③ 反馈信号：将系统（或内部某环节）的输出信号经变换、处理送到系统（或内部其他环节）的输入端的信号。若此信号是从系统输出端取出送入系统输入端，就称为主反馈信号，而其它的称为局部反馈信号。

④ 反馈环节：用来测量被控量的实际值，并经过信号处理，转换为与被控量有一定函数关系且与输入信号同一物理量的信号。

⑤ 比较环节：即图 1-6 中的小圆圈符号。作用是把输入量与反馈信号进行比较，求出它们之间的偏差值。

⑥ 偏差：输入与反馈信号之差。如果是系统主反馈求得的偏差，就是控制

系统的偏差；如果是局部反馈后求得的偏差，就是系统内针对某个信号的偏差。

⑦ 控制器：利用偏差信号对系统的结构和参数进行调整，用于改善或完成对系统的控制。

⑧ 放大环节：将信号变换为适合驱动装置（或执行元件）工作的信号。

⑨ 驱动装置（执行元件）：接收从放大环节或校正装置传来的信号，驱动装置直接操控被控对象的输出量（被控量）。常用的装置有调节阀、电动机等。

⑩ 被控对象：是控制系统所要控制和操作的对象。

⑪ 干扰量：使被控量偏移希望值的所有不利因素，它是系统要排除其影响的量，也称为干扰信号。

⑫ 输出量：是指控制系统中被控制的物理量，也称为系统的被控量。

① 输入量与主反馈之间做“减法”时为负反馈控制，而做“加法”时则称为正反馈控制。

② 外部干扰（干扰量）既可能发生在被控对象的内部，也可能出现在被控对象的输入端。

如果读者阅读过控制、通信等领域的不同文献，可能会发现图1-6中的用词会在不同的地方有不同的名称。这是因为在过程控制、电气控制和机械控制等领域中由于历史原因而对同一事物的命名不同，但在基本理论和结构上是没有歧义的。

1.4 经典控制理论和现代控制理论

在自动控制理论中有经典控制理论和现代控制理论。根据不同的被控对象，经典控制和现代控制有各自的优势和缺点。

经典控制源于20世纪40年代，研究的是单输入单输出（SISO）的反馈系统。它以拉普拉斯变换（针对连续系统）和z变换（针对离散系统）为数学工具，以传递函数和z传递函数为基础，以线性系统为对象，通过时域和频率分析，来研究系统的响应、控制和稳定性。

现代控制理论形成于1950～1970年，代表性成果是卡尔曼于1960年发表的

《控制系统的一般理论》和 1961 年与 Bush 发表的《线性过滤和预测问题的新结果》。现代控制理论以线性代数和微分方程为基本数学工具，特别以状态空间方程为基础，研究多输入多输出（MIMO）、时变、非线性等特征下自动控制系统的分析和设计问题。

经典控制理论的传递函数和现代控制理论的状态方程具有如下的主要不同点：

- 传递函数只关注控制系统的输入和输出，并且只能在复数域平面内解析。
- 状态方程可以将控制系统内部的多个状态表现出来，可以在时域空间中解析。

进入 20 世纪 70 年代，现代控制理论的不足之处也逐渐展现出来。这是因为在一般情况下，把被控对象完全准确地表示成数学模型是一个不可能完成的任务，模型中必定存在一定的误差。而如果控制系统和数学模型之间存在误差，那么在控制过程中就有可能会变得不稳定。由此，20 世纪 80 年代开始研究鲁棒控制等先进控制和智能控制，分析和探讨即使模型存在误差也可以保证控制系统稳定可调节的方法。这些控制吸纳了经典控制理论和现代控制理论的成果并随着软硬件和相关领域技术的发展而不断进步。

本书基于自动控制原理，着重讲解 Scilab 在经典控制理论和现代控制理论上的应用。对于先进控制和智能控制，请读者自行参阅相关文献，我们也在考虑撰写这方面的新的书籍以飨读者。

1.5 Scilab 在控制系统中的仿真应用

综上所述，学习与应用自动控制理论是掌握控制系统的运行状况、分析稳定性和进行校正的基础。理论知识是一定要学习的，而实践更是掌握知识的金钥匙。当然，我们可能没有条件和能力直接去对各种实际的控制系统进行实验分析，但是通过计算机仿真却能够完成这一目标。

如前所述，Scilab 完全可以对经典和现代控制理论进行建模与仿真，而且易于对结构和参数进行调整。图形化的显示结果也更能发现理论中的必然，以及自己知识中的不足或者一些错误的理解。

因此，掌握一种仿真方法对理论知识的学习是极其有益的，而 Scilab 软件正是学习自动控制原理的好帮手。

本书的各章布局是这样安排的：

第 1 章（本章）先介绍 Scilab 软件和控制系统的概念，为后面章节做一个铺垫。

第 2 章介绍 Scilab 的安装和一些常用的基本操作。由于软件的安装及其最基本的操作都非常简单，而且与其他软件在操作上大同小异，同时为了有效利用书中篇幅更集中地介绍重点，所以本章将是提纲挈领地加以说明，而并非极其详细地对 Scilab 的各种功能进行介绍。

第 3 章讲述在控制系统分析时要用到的一些数学知识及其 Scilab 的操作，特别是拉普拉斯变换和反变换，以及求取系统的特征值和系统的稳定性分析。

第 4 章是利用 Scilab 来仿真求取控制系统的传递函数和一些典型环节，如比例环节、积分环节、一阶惯性环节、二阶振荡环节等。

第 5 章是利用 Scilab 进行控制系统的时域仿真，包括计算与分析一阶、二阶系统的响应，零极点对系统动态过程的影响和劳斯稳定性判据。

第 6 章是利用 Scilab 对控制系统进行频域的分析，包括绘制极坐标图、伯德图，利用奈奎斯特稳定判据在频域上进行稳定性分析，以及稳定裕度的计算。

第 7 章开始讨论现代控制理论。本章将利用 Scilab 求解状态方程和特征标准型。

第 8 章是利用 Scilab 分析系统的状态能控性与能观测性。

第 9 章是学习如何利用 Scilab 配置系统的状态反馈和状态观测器。

随手记

第 2 章 Scilab的安装与基本操作

Scilab 是一款免费的科学计算与仿真软件包，主要为科学和工程等领域提供计算工具。其浏览界面如图 2-1 所示。

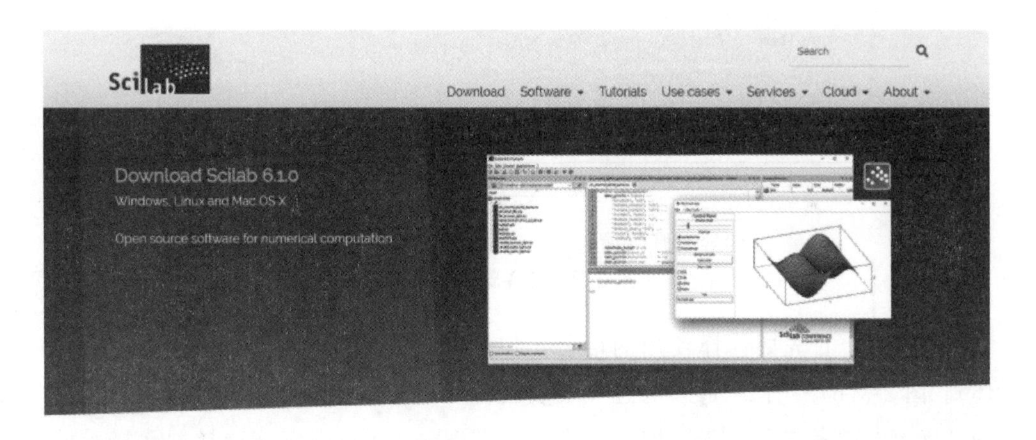

图 2-1　Scilab 主页

2.1 Scilab 的安装

2020 年 2 月，Scilab 官方发布了 6.1.0 版本的安装包。本书以该版本为基础介绍 Scilab 的安装和对控制系统的仿真与分析。

读者需要根据自己计算机的硬件配置来选择正确的软件版本。本书下载的是 Windows10 64 位系统的 Scilab 安装文件，如图 2-2 所示。

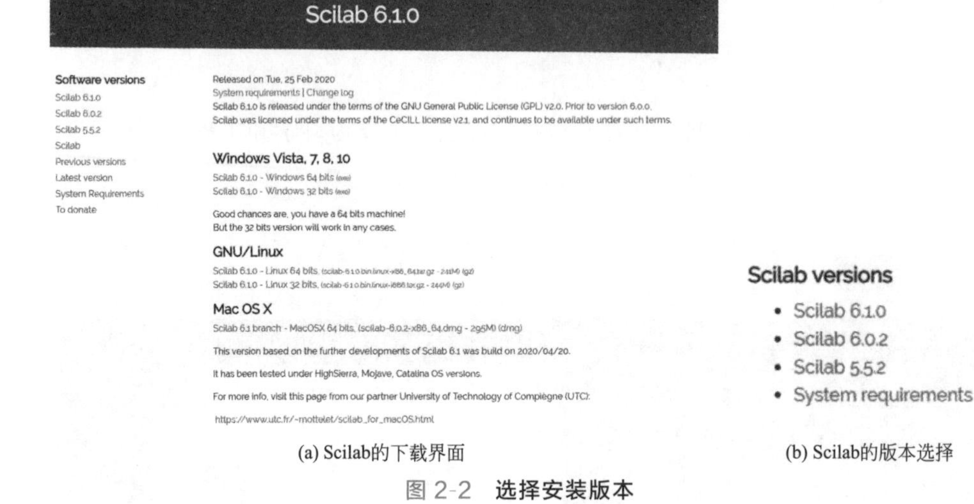

(a) Scilab的下载界面　　(b) Scilab的版本选择

图 2-2　选择安装版本

安装时，首先要选择使用的语言，如图 2-3(a) 所示，我们选择中文（简体)。图 2-3(b)～图 2-3(g) 为选择安装语言之后的步骤，基本上直接用鼠标选择“确定”或者“下一步”即可。当然，在图 2-3(b) 中应该选择“我接受协议”，否则不能完成安装。

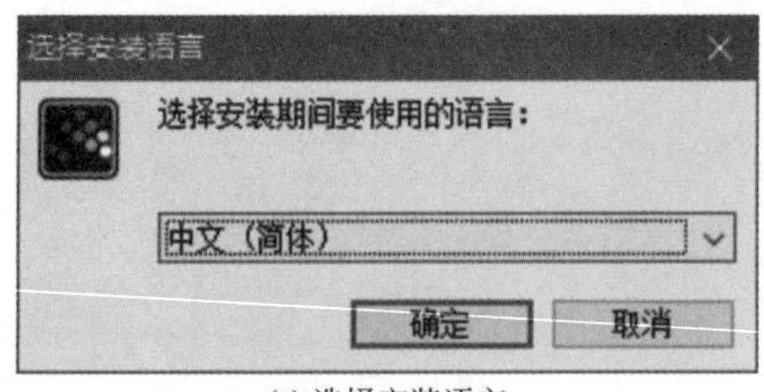

(a) 选择安装语言

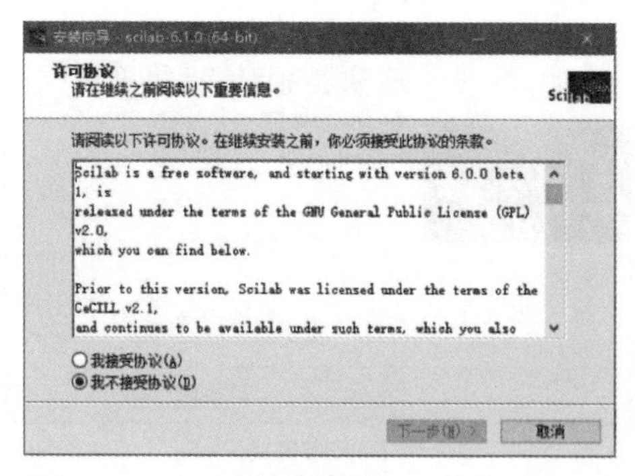

(b) 许可协议

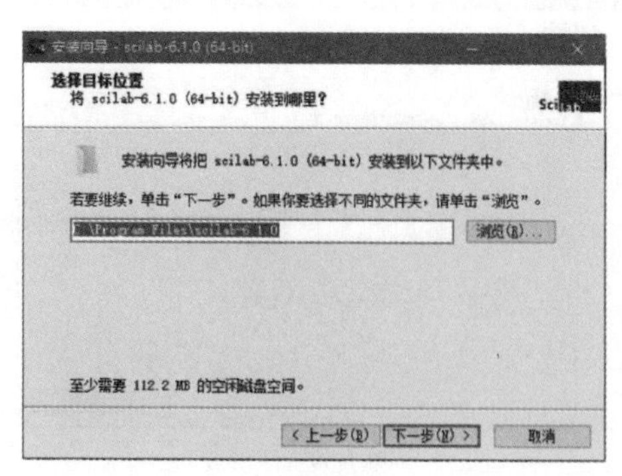

(c) 安装位置

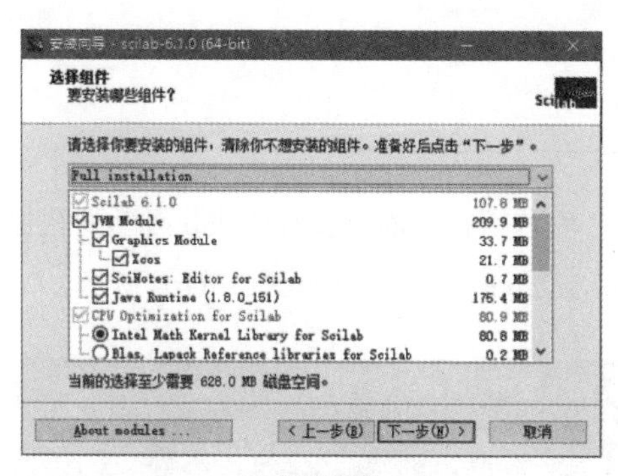

(d) 选择组件

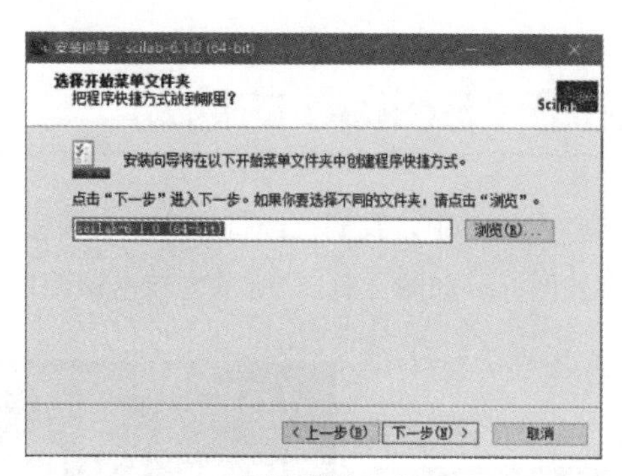

(e) 建立快捷方式

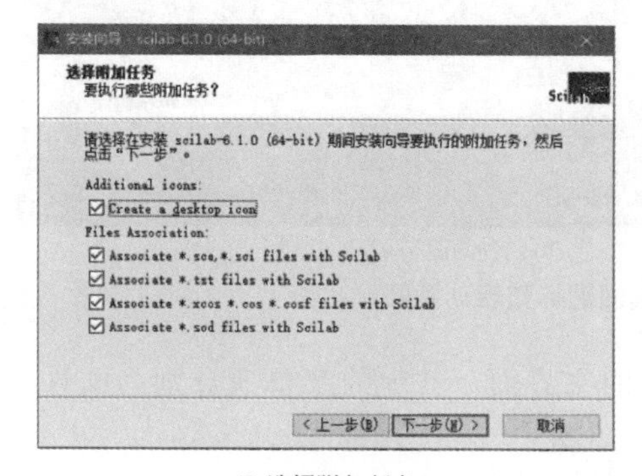

(f) 选择附加任务

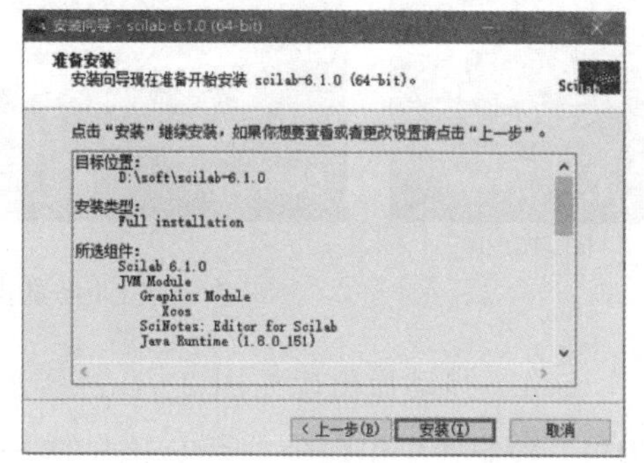

(g) 准备安装

图 2-3　Scilab 安装的最初几步

在完成了安装的准备工作之后，图 2-4(a) 和(b) 分别为 Scilab 在安装过程中和安装完毕时的画面。

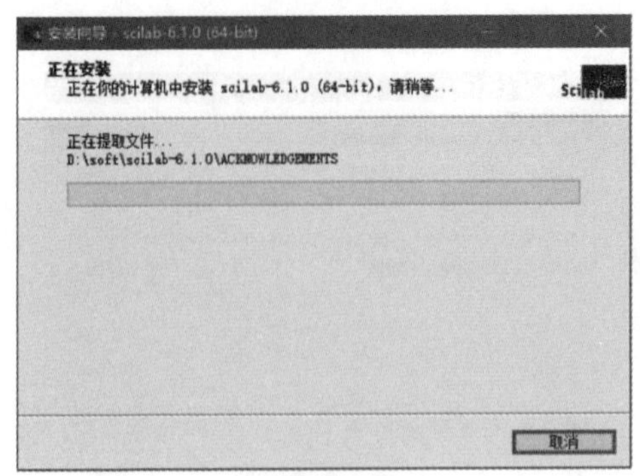

(a) 安装过程　　(b) 安装完成

图 2-4　**安装过程和安装完成的画面**

2.2　Scilab 的启动

上一节中，我们已经将 Scilab 安装完毕。安装后在桌面上会有 Scilab 启动的快捷方式图标，如图 2-5(a) 所示，双击该图标后 Scilab 的启动画面如图 2-5(b) 所示。

(a) 启动图标　　(b) 启动画面

图 2-5　**Scilab 的桌面图标和启动画面**

Scilab 启动后出现如图 2-6(a) 所示的主界面。其中的菜单项分别为文件、编辑、控制、应用程序、?(Scilab 的帮助菜单)。

文件、编辑、?的子菜单分别如图 2-6(b)～(d) 所示。在菜单项的下面还有小图标栏，如图 2-6(e) 所示，第一个图标是 Scinotes 的启动按钮，点击启动后可以输入多行程序，如图 2-6(f) 所示。

- 文件子菜单 [图 2-6(b)]：可以加载和保存运行环境，也可以更改文件路径，更改各种页面设置。

• 编辑子菜单［图 2-6(c)］：可以对程序执行各种编辑操作，还可以清空剪贴板和控制台中的内容。

• 帮助子菜单［图 2-6(d)］：可以打开 Scilab 的帮助手册。

• 用鼠标左键单击图 2-6(e) 的第一个图标可以打开 SciNotes 窗口，这个窗口的功能是保存比较长的程序段，它是 Scilab 的程序编辑器，在后面章节中用到时会有进一步的说明。

• 图 2-6(f) 为打开的 SciNotes 窗口，在其中可以输入多行的程序。

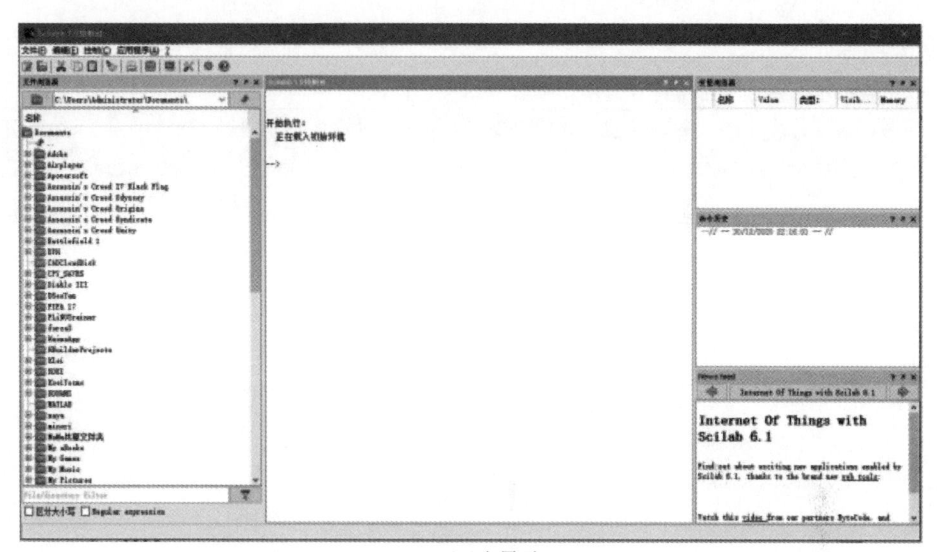

(a) Scilab主界面

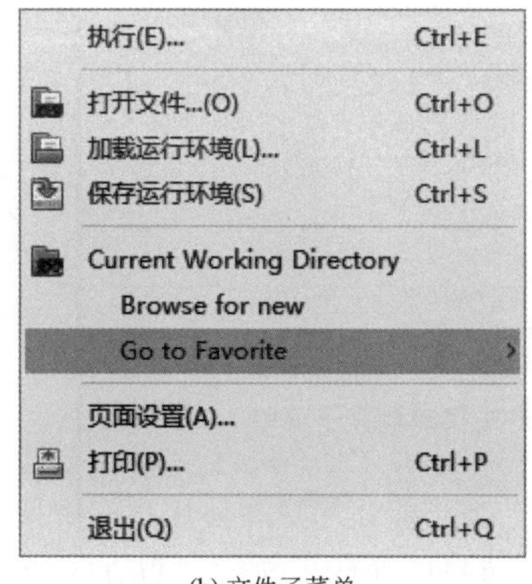

(b) 文件子菜单

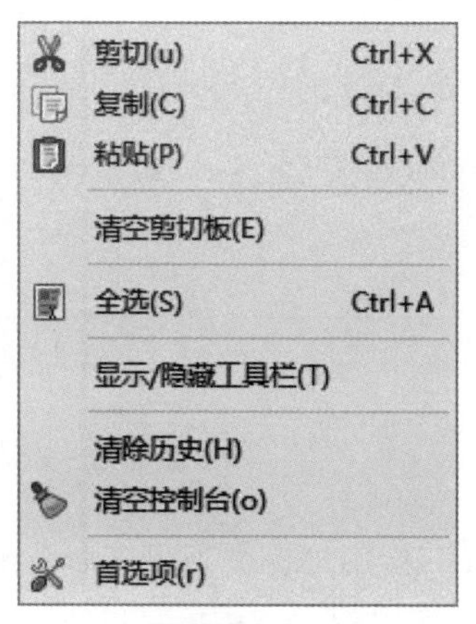

(c) 编辑子菜单

图 2-6

(d) 帮助子菜单

(e) 左边第一个为Scinotes启动按钮

(f) Scinotes窗口

图 2-6 **Scilab 的主菜单及其子菜单**

Scilab 给用户提供了很多命令函数。为了能让用户在使用过程中便于查询各种命令的使用方法，Scilab 提供了强大的帮助功能。我们可以在主界面中点击“?”标志（或直接按“F1”）来打开帮助界面，如图 2-7 所示。

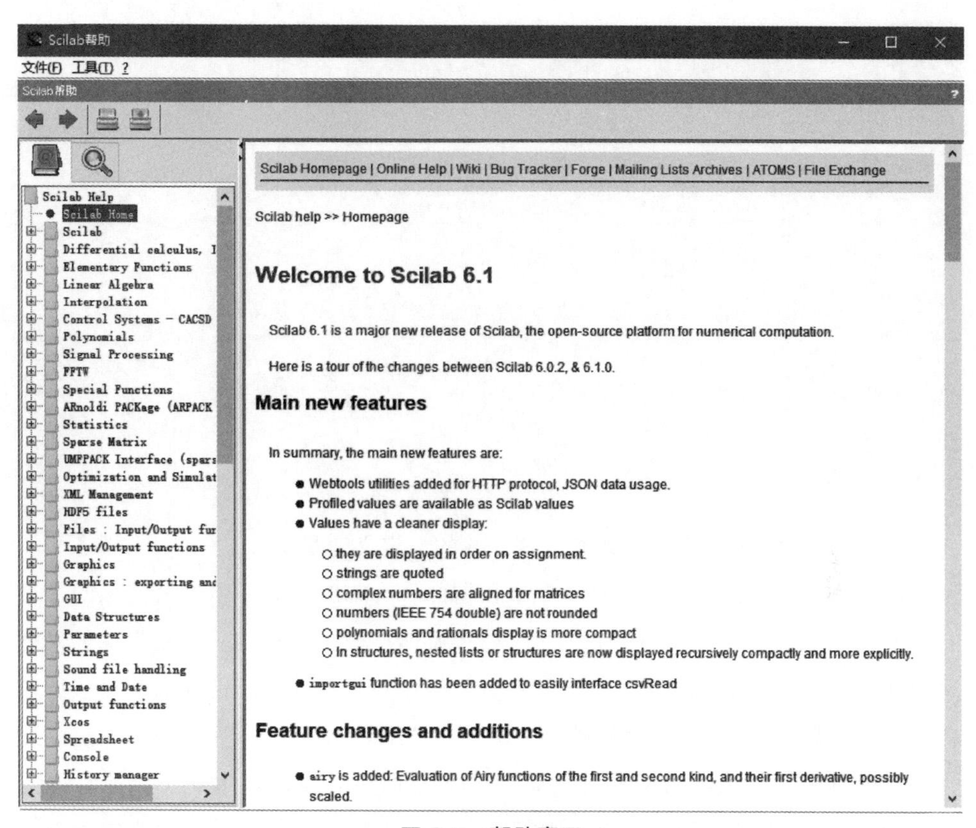

图 2-7 **帮助窗口**

在窗口左侧的边栏中，按照各个不同领域分别列出了 Scilab 中的各种命令，用户可以点击进行查询，查询结果显示在右侧主窗口中，也可以点击放大镜图标后直接输入待查询的关键字。

2.3 基本运算和说明

Scilab 是一个科学计算与仿真软件，先来用这款软件做一些基本运算以了解其使用方法吧。

（1）求和运算

首先给变量 a 赋值 15.3（输入“a=15.3”并按回车键），然后给 b 赋值 17.6（输入“b=17.6”并按回车键）。当我们输入“a+b”并回车后，得到如下结果：

```
--> a=15.3
 a=
   15.3

--> b=17.6
 b=
   17.6

--> a+b
 ans=
   32.900000
```

上述 a+b 的计算结果被赋值给 Scilab 的自定义变量 ans。

需要说明的是，变量 ans 是 Scilab 预留的一个临时存储变量，其储存的是没有赋值给某个特定变量名的计算结果。这个临时变量仅能存储一个结果，如果有多次计算都没有赋值给变量，那么这些计算结果将会按照执行的先后顺序依次覆盖 ans，也就是说 ans 只能存储最后一次的计算结果。

在上例中，如果不希望在输入 $a=15.3$ 并回车后立即显示 a 的结果，而只是希望看到 $a+b$ 计算后的结果，则需要在不希望显示执行结果的命令之后加上半角的分号“;”，如下所示：

```
--> a=15.3;
--> b=17.6;
--> a+b
 ans=
   32.900000
```

如果希望将指数形式的数值 3.1×10^{-2} 赋值给变量 a，操作如下：

```
--> a=3.1e-2
 a=
   0.031
```

（2）求乘积、幂运算

Scilab 中的四则运算和幂运算的命令与一般的编程语言都是一样的。

```
--> a=5;
--> b=3.2;
--> c=a*b
 c=
   16.
--> a^2
 ans=
   25.
```

（3）其他说明

在一行中也可以输入多个命令，每一个命令之间用逗号隔开。因此上面例子可以改写成如下形式。

```
--> a=5,b=3.2,c=a*b,a^2
 a=
   5.
 b=
   3
 c=
   16.
 ans=
   25.
```

或者

```
--> a=5;b=3.2;c=a*b,a^2
 c=
   16.
 ans=
   25.
```

有时候当一行的命令比较长，希望分两行或多行输入的时候，可以在行末加上半角的“…”符号并回车，然后在下一行接着输入后面的命令。这样就能让本行与下一行的命令合在一起。例如求 1＋2＋3＋4：

```
--> 1+2+…
  > 3+4
```

```
 ans=
   10.
```

或者

```
--> 1+2…
 > +3+4
 ans=
   10.
```

如果希望将之前输入的命令重新运算一次，或者希望简单改动一下之前的命令后再运算，可以不必重新输入命令，而是使用键盘上的“↑”或“↓”方向键，就能够依次找到刚刚输入的一些命令。当出现想要使用的命令后再通过“←”或“→”键来选择需要修改的字符的位置，修改后按回车就可以执行了。

clear 命令可以清除某一个或者全部的变量。

```
--> a=1;
--> clear a;                //清除刚刚设定的变量 a
--> a
Undefined variable:a        //因为刚刚清除了变量 a,所以这里显示未定义
--> clear                   //清除所有的变量
```

typeof（）命令可以返回某个变量的类型。

```
--> typeof(1)          //希望知道数字 1 的类型
 ans=
   "constant"          //数字 1 是常数

--> typeof(% pi)       //希望知道圆周率 II 的类型(下一节介绍)
 ans=
   "constant"          //是一个常数
```

2.4 特殊字符的使用

Scilab 作为一款计算软件，为用户预留了很多数学上常用的特殊字符，如

表 2-1 所示。所谓预留字符，是指这些字符在数学计算上有着特殊的意义，Scilab 已经将它们作为固定的表达方式，我们不能用预留字符去表示其他变量。

表 2-1 Scilab 中的预留字符

Scilab 的预留字符	意义
%e	自然对数的底(2.7182818)
%pi	圆周率(3.1415927)
%i	虚数单位 $\sqrt{-1}(0+i)$
%t、%f	布尔值(真 T、假 F)
%eps	浮点运算时能表达的最小值(2.220D-16)
%inf、%nan	无穷大、不是数值量
%s、%z	在控制系统中使用的拉普拉斯变换中的 s 变量和离散系统中使用的 z 变换中的 z 变量

例如，已知圆的半径 $r=2$，求圆的周长：

```
--> r=2;
--> 2*%pi*r
 ans=
   12.566371
```

与其他编程语言一样，Scilab 中也有逻辑比较运算，如表 2-2 所示。

表 2-2 Scilab 中的逻辑比较运算符

Scilab 的比较运算	意义
$a<b$	小于
$a<=b$	小于等于
$a>b$	大于
$a>=b$	大于等于
$a==b$	(逻辑)等于
$a<>b$	不等于
$a\&b$	与运算
$a\|b$	或运算

举例如下：

```
--> a=1;b=2;
--> a>b
 ans=
```

```
    F
 --> a<b
   ans=
     T
 --> a==b
   ans=
     F
 --> a<>b
   ans=
     T
```

2.5 向量与矩阵

在控制系统的仿真分析中需要频繁地使用向量和矩阵的运算，而这些数学计算正是 Scilab 的特色之一。

说明

在建立向量和矩阵时，分隔同一行内的元素时使用空格或者逗号，分隔不同行的元素时使用分号。

```
 --> a=[1 2 3 4]
   a=
     1.   2.   3.   4
 --> a=[1,2,3,4]
   a=
     1.   2.   3.   4
 --> b=[1;2;3;4]
   b=
     1.
     2.
     3.
     4.
```

```
--> c=a'        //求 a 的转置
 c=
   1.
   2.
   3.
   4.
--> A=[1 2 3;4 5 6]
  A=
     1.  2.  3.
     4.  5.  6.
```

如果向量中的各个元素值是等间隔变化的，可以使用简单的方式定义这个向量。

```
--> a=0:0.5:3    //第一个元素:相邻元素值之间的增量:最后一个元素
 a=
   0.  0.5  1.  1.5  2.  2.5  3.
```

如果两个相邻元素值之间的增量为 1，可以更简单地将向量定义为

```
--> a=0:3          //第一个元素:最后一个元素
 a=
   0.  1.  2.  3.
```

例 2-1 在定义完向量和矩阵之后，将其中的某个或多个元素提取出来。

```
--> a=0:0.5:3
 a=
   0.  0.5  1.  1.5  2.  2.5  3.
--> a(2)                   //提取向量 a 中的第 2 个元素
 ans=
   0.5
--> a(2:4)                 //提取向量 a 中的第 2 到第 4 个元素
 ans=
   0.5  1.  1.5
--> a([2,4])=[16,18]     //将新的值赋给向量 a 的第 2 和第 4 个元素
 a=
   0.  16.  1.  18.  2.  2.5  3.
```

```
--> A=[1 2 3;4 5 6;7 8 9]
 A=
   1.  2.  3.
   4.  5.  6.
   7.  8.  9.
--> A(1,3)                    //提取矩阵 A 的第 1 行第 3 列元素
 ans=
   3.
--> b=A(:,3)                  //提取矩阵 A 的第 3 列的所有元素并赋值给向量 b
 b=
   3.
   6.
   9.
--> c= A(3,:)                 //提取矩阵 A 的第 3 行所有的元素
 c=
   7.  8.  9.
--> A([1,3],3)=[13 33]'       //将新值赋给矩阵 A 的第 3 列的第 1 和第 3 个元素
 A=
   1.  2.  13.
   4.  5.  6.
   7.  8.  33.
--> A(1,1:3)                  //提取矩阵 A 的第 1 行中第 1 到第 3 个元素值
 ans=
   1.  2.  13.
```

向量是由多个元素组成的，因此向量的计算也是对多个元素同时的运算。表 2-3 给出了向量运算的计算方法。其中，向量 $\boldsymbol{a}=(a_1,a_2,\cdots,a_\mathrm{n})$，向量 $\boldsymbol{b}=(b_1,b_2,\cdots,b_n)$，k 是常数。当然，如果两个向量的元素个数不相等，是不能进行加减运算的。此外，如果是针对向量中的各个元素（而不是整个向量）进行运算，就要使用表 2-3 中的点积（或称为内积）运算符号“.”。

表 2-3 **向量运算**

表达式	计算方法
a+b	$(a_1+b_1,a_2+b_2,\cdots,a_n+b_n)$
a. * b	$(a_1b_1,a_2b_2,\cdots,a_nb_n)$

续表

表达式	计算方法
a. /b	$(a_1/b_1, a_2/b_2, \cdots, a_n/b_n)$
a+k	$(a_1+k, a_2+k, \cdots, a_n+k)$
k * **a**	$(ka_1, ka_2, \cdots, ka_n)$
a/k	$(a_1/k, a_2/k, \cdots, a_n/k)$
k. /**a**	$(k/a_1, k/a_2, \cdots, k/a_n)$
a. ^k	$(a_1^k, a_2^k, \cdots, a_n^k)$
k. ^**a**	$(k^{a_1}, k^{a_2}, \cdots, k^{a_n})$
a. ^b	$(a_1^{b_1}, a_2^{b_2}, \cdots, a_n^{b_n})$
a * **b**′	$a_1b_1+a_2b_2+\cdots+a_nb_n$
a′ * **b**	$\begin{pmatrix} a_1b_1 & a_1b_2 & \cdots & a_1b_n \\ a_2b_1 & a_2b_2 & \cdots & a_2b_n \\ \cdots & \cdots & \cdots & \cdots \\ a_nb_1 & a_nb_2 & \cdots & a_nb_n \end{pmatrix}$

2.6 多项式的使用

在控制系统仿真时也经常要用到多项式，特别是拉普拉斯变换中的 s 多项式和 z 变换中的 z 多项式。如表 2-1 所示，%s 和%z 是 Scilab 预留的字符，可以直接用作多项式的变量 s 和 z。

```
--> s=%s;
-->  s^2+2 * s+5
 ans=
   5+2s+s^2

--> z=%z;
--> z+2
 ans=
   2+z
```

有时候我们希望定义一个变量 x 而不是 s 或者 z，并表示成形如多项式

x^2-2x-3 的形式。x 是多项式的变量，定义这个变量需要用到 Scilab 中定义多项式的 poly() 命令。有三种定义方法：

① x=poly(0,'x')：先定义变量 x，再给出表达式

```
--> x= poly(0,'x');
--> x^2-2*x-3
  ans=
    -3-2x+x^2
```

② f=poly([−3 −2 1],'x','coeff')：在定义变量 x 的同时给出各个系数值（要注意给出系数的顺序是由低阶到高阶）。

```
-->  f=poly([-3 -2 1],'x','coeff')
  f=
    -3-2x+x^2
```

③ f=poly([1 −3],'x')：如果预先知道多项式的根，例如 $x^2+2x-3=(x-1)(x+3)=0$ 的两个根分别为 −1 和 3，可以直接通过多项式的根来建立多项式。

```
-->  f=poly([1 -3],'x')
  f=
    - 3+2x+x^2
```

2.7 使用 Scilab 程序编辑器

当一个完整的程序由多个命令组成时，可以使用 Scilab 的 SciNotes 编辑器。这个编辑器可以将我们输入的多行命令保存到一个文档文件中，可以随时打开文件去执行或者修改程序。

在 Scilab 控制台上方的图标栏中用鼠标点击按钮，就可以启动 SciNotes，如图 2-8 所示。

① 图 2-8 中，程序的第一行中出现了符号“//”，表示这一行中，在它后面的文字将不会被作为程序执行。因此可以作为代码的注解，起到让读者理解的作用。

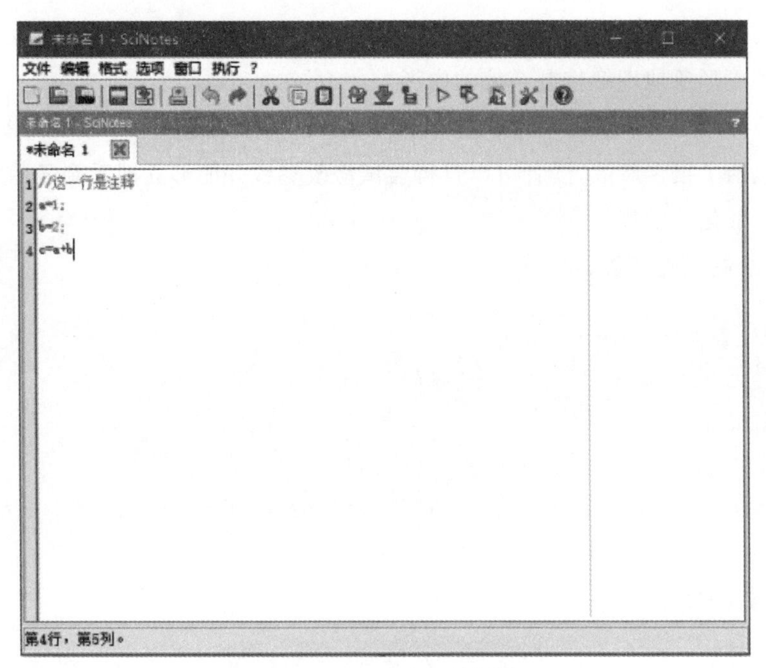

图 2-8 SciNotes 编辑器

② 在 SciNotes 编辑器中点击菜单列表中的“执行”并点击下一级的“保存并执行选项”（快捷键是 F5），或者直接点击工具栏的 ▷ 按钮就可以执行编辑器中的程序。

③ SciNotes 的文件被保存后以“.sce”为后缀名。

④ 当 Scilab 的控制台左侧“文件浏览器”一栏中打开的文件夹内有.sce 文件时，可以在控制台中输入如下命令来执行该 Scilab 程序文件。

```
-- > exec("文件名.sce")
```

⑤ 当需要执行的.sce 程序文件不在当前文件夹内时，在控制台中输入如下命令来执行某个 Scilab 程序文件。

```
-- > exec("路径:\文件名.sce")
```

例如：--> exec("e:\program\文件名.sce")

2.8 Scilab 的绘图功能

与众多数值分析软件相似，免费开源的 Scilab 提供了非常强大的图形绘制功能。而在控制系统的仿真与分析中,图形也是发挥很大作用的。利用显示出来的图形能够更形象地理解控制系统的内涵。

本节介绍 Scilab 图形化功能中最常用的 2D 图形的绘制。Scilab 的图形绘制函数中包括了很多参数,读者可以自行尝试修改参数并能够立即看到显示的效果,这就是图形化的优势。

例 2-2 绘制正弦函数 sin(t)。

```
//绘制正弦函数 sin(t)
t=0:0.01:2*%pi;     //一个周期是从 0 到 2π,间隔是 0.01
y=sin(t);
plot2d(t,y)         //曲线的横坐标是时间 t,纵坐标是 y
xtitle('sin 函数','t','sin(t)')     //给出曲线的标题和横、纵坐标轴的名称
```

程序说明

首先定义时间变量 t,它是一个从 0 到 2π 的行向量。sin(t) 的计算结果也是向量,被存放在行向量 y 中。plot2d(t,y) 是绘制 2 维曲线的命令,其中第一个变量 t 是横轴,第二个变量 y 是纵轴。xtitle() 命令可以给图形增加标题,还可以给横轴和纵轴增加名称。执行结果如图 2-9 所示。

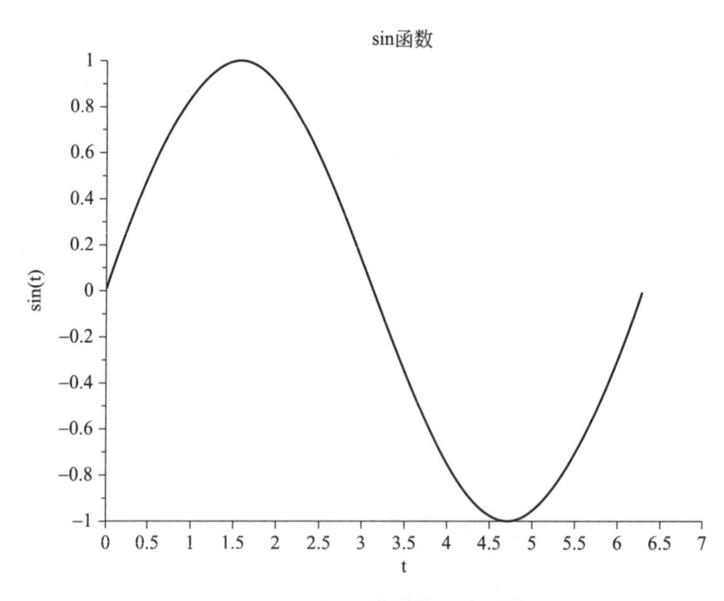

图 2-9 Scilab 绘制的正弦函数

技巧

如何将 Scilab 绘制出来的图形粘贴到自己的论文中？

方法如下：点击显示图形的图像窗口的“文件”并选择“复制到剪贴板”，然后在自己论文需要出现该图形的地方进行粘贴即可。这种方法其实有可能造成一定的像素损失。如果想要获得高质量的图形，可以点击图像窗口中的“文件”并选择“导出到”，保存成一个图像文件，如图 2-10(a) 所示。此时还可以在“文件类型”中从多种图形文件格式中选择希望的保存格式，如图 2-10(b)。

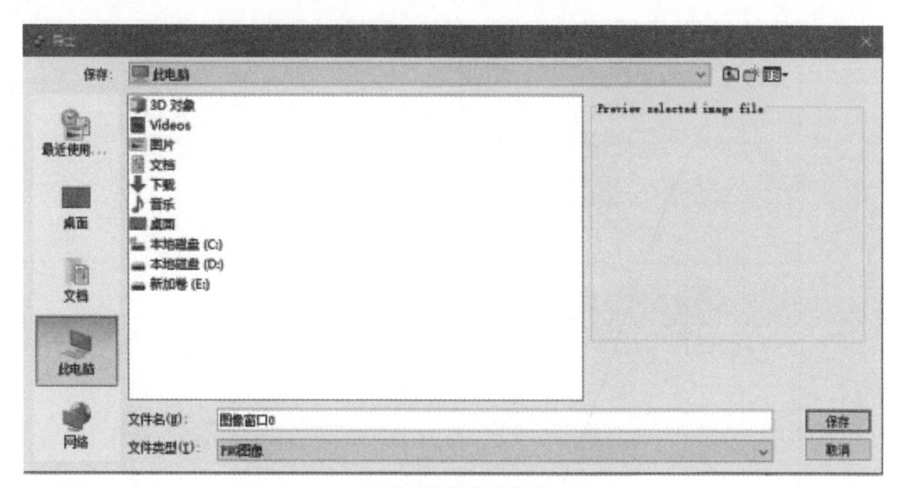

(a) 导出图像的对话框

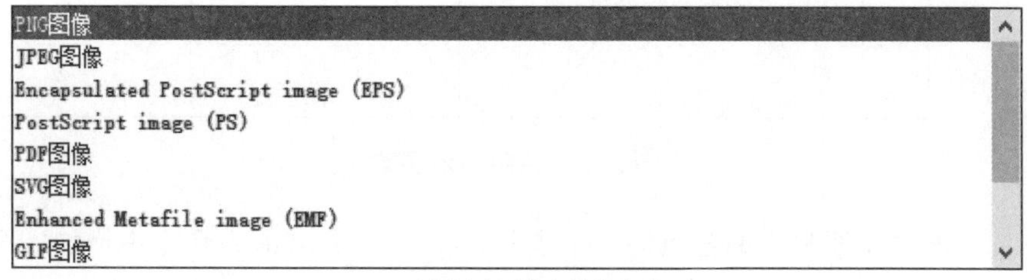

(b) 选择导出图像文件的类型

图 2-10 **保存图形文件**

下面再举几个例题，通过修改程序或者修改 plot2d 函数中的参数改变图形的显示样式。

例 2-3 尝试利用其他形式显示一个余弦函数。

```
//例 2-3,不同风格的坐标系
t=0:0.01:2*%pi
y=cos(t);
plot2d(t,y,axesflag=5)
xgrid()
```

程序说明

在 plot2d () 中加入变量 axesflag 可以显示不同风格的坐标形式(数值可以是 0～5，或者 9)，命令 xgrid () 是显示出网格。运行后得到的结果如图 2-11。

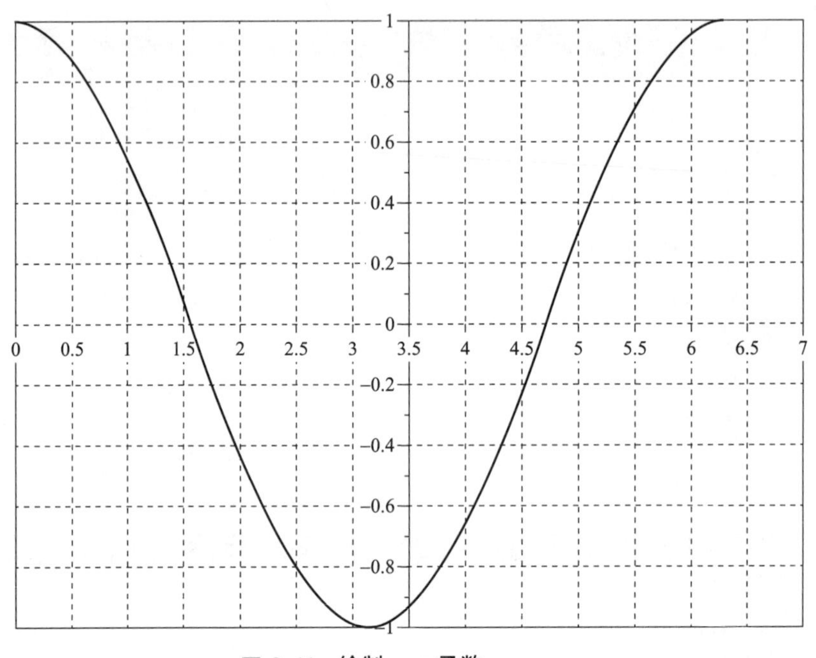

图 2-11 **绘制 cos 函数**

如果希望将图形中的各点用×来表示，就要在 plot2d() 命令中增加一个变量（−2），执行结果如图 2-12 所示。如果将−2 变成−3，就表示用⊕绘制曲线上的点。请读者自行尝试取其他值时显示的曲线。

```
t=0:0.1:2*%pi;
y=cos(t);
plot2d(t,y,-2)     //数值-2 是在曲线中用×表示各个点
```

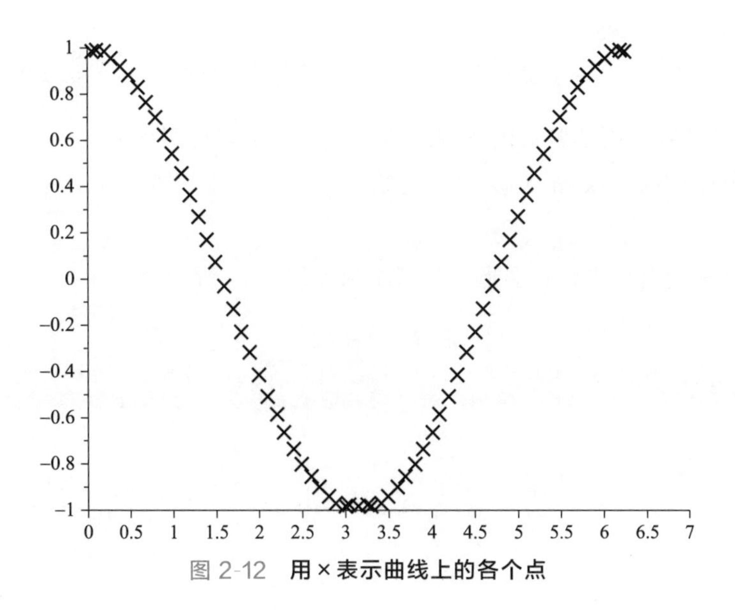

图 2-12 **用 × 表示曲线上的各个点**

如果希望在一个图中同时绘制两条以上的曲线，可以通过如下方式来实现，执行结果如图 2-13 所示。

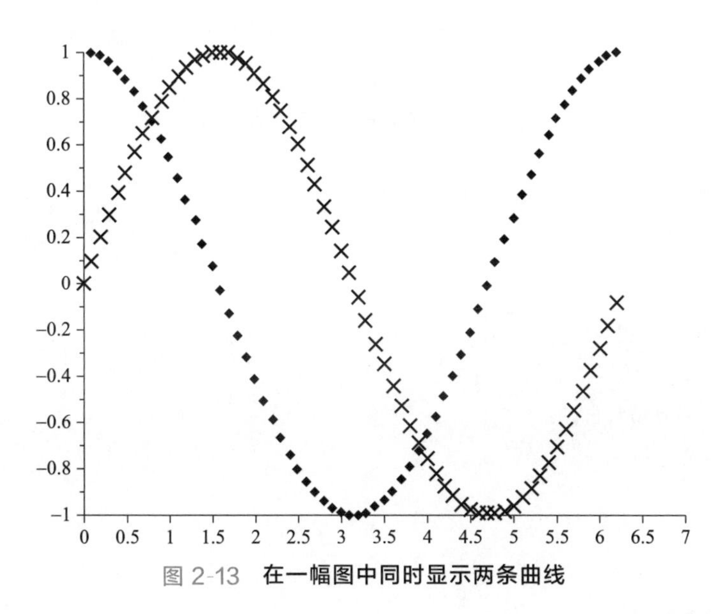

图 2-13 **在一幅图中同时显示两条曲线**

例 2-4 在一个图中同时绘制两条曲线。执行结果如图 2-13 所示。

```
//例 2-4,在一个图中显示两条曲线
t=0:0.1:2*%pi;
```

```
y1=sin(t);y2=cos(t);
plot2d(t',[y1',y2'],[-2,-4])  //用不同的符号表示曲线 y1 和 y2 上的各点
```

如果希望在不同的窗口内分别绘制不同的图形，可以使用 xset() 命令建立新的图形显示窗口。xset() 函数中的第一个变量是窗口的名称，第二变量是窗口的编号。

例 2-5 在不同窗口中显示图形。执行结果如图 2-14 所示。

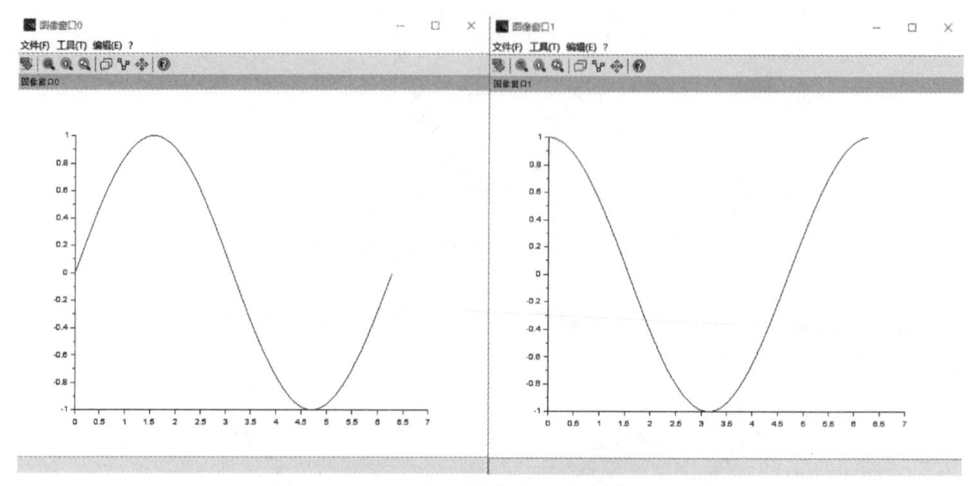

图 2-14 在不同的窗口显示曲线

```
//例 2-5,开启不同的窗口显示曲线
t=0:0.01:2*%pi;
y1=sin(t);y2=cos(t);
xset("window",0);
clf();plot2d(t,y1)
xset("window",1);
clf();plot2d(t,y2)
```

2.9 本章小结

本章在给出了 Scilab 的安装、启动步骤之后，又举例说明了如下的一些基本操作：

① Scilab 中的基本运算、一些编程说明和预留特殊字符的使用。

② 向量与矩阵的操作，以及如何提取其中的某个或某几个元素。

③ 以多种方式定义一个多项式的方法。

④ 介绍 Scilab 的程序编辑器。

⑤ 2D 绘图功能的使用。

本章和后面各章节中的一些例题和总结出来的表格可以作为资料随时查阅。读者也可以增加内容，或者修改程序中的命令和参数来分析 Scilab 在控制系统仿真中的应用，以此来巩固、加深对自动控制原理知识的掌握。

本章还没有涉及控制系统，下一章将讨论在控制系统仿真和分析中必不可少的数学知识及其在 Scilab 中的操作，为真正进行控制系统的仿真分析打下牢固基础。

本章练习

1. 已知圆柱体的底面半径 $r=3$，高 $h=5$，编程求该圆柱体的体积（提示：圆柱体的体积 $V=\pi r^2\times h$）。参考第 2.4 节。

2. 已知向量 $a=(1,3,5)$，向量 $b=(2,4,6)$，常数 $k=2$。编程求 $a+b$，$a.*b$，$k*a$，$a./b$，$a*b'$，$a'*b$。参考第 2.5 节。

3. 编程定义一个多项式 x^2+2x+1。参考第 2.6 节。

4. 将前面练习 2 的程序输入到 Scilab 的 SciNotes 程序编辑器中保存并执行。参考第 2.7 节。

5. 尝试通过修改 plot2d () 函数中的各种参数来绘制不同形式的正弦函数 sin(t) 和余弦函数 cos(t)。参考第 2.8 节。

随手记

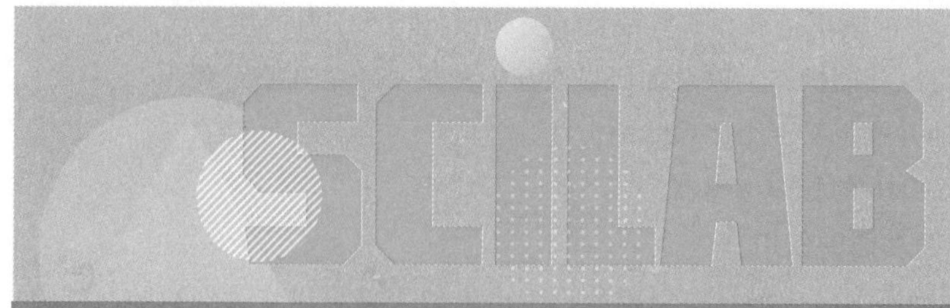

第3章 Scilab中控制系统的数学基础

作为一款数学计算与分析工具，Scilab 拥有非常强大的功能。本书是讨论 Scilab 在控制系统仿真中的应用，因此还需要了解一些控制系统的特点和进行控制系统分析时所需的专门的数学知识。

3.1 Scilab 中复数的表示与计算

在控制系统中，数值不只是在实数范围内表示与计算，而是扩展到了复数域。为此，我们必须要理解复数的概念以及在 Scilab 中的使用。

当数集拓展到实数范围之后，仍有些运算无法进行（比如对一个负数进行二次开方的运算）。为了使方程有解，我们需要将数集再次扩充。例如，我们知道 $\sqrt{4}=2$，但 $\sqrt{-4}$ 在实数范围内无解。为此，我们定义 $\sqrt{-1}=\mathrm{i}$。在此，字母 i 表示虚数单位，并且有 $\mathrm{i}^2=-1$。通过这一定义，就可以得到 $\sqrt{-4}=\sqrt{4\times(-1)}=\sqrt{4}\times\sqrt{-1}=2\mathrm{i}$。

我们把形如 $s=x+y\mathrm{i}$（x，y 均为实数）的数称为复数。其中 x 为复数 s 的实部，记为 $x=\mathrm{Re}(s)$；y 为虚部，记为 $y=\mathrm{Im}(s)$；i 是虚数单位。当 s 的虚部等于零时，$s=x$ 为实数；当 s 的虚部不等于零而实部等于零时，$s=y\mathrm{i}$ 为纯虚数。

复数可以用上述的直角坐标形式来表示

$$s=x+y\mathrm{i} \tag{3-1}$$

也可以用极坐标来表示

$$s=A\mathrm{e}^{\mathrm{i}\theta} \tag{3-2}$$

其中，变量 x、y、A 和 θ 都是实数。A 为复数 s 的模，记为 $A=|s|$；θ 定义为复数 s 的相角。

一个复数的直角坐标形式和极坐标形式是可以互换的。在式(3-1) 和式(3-2) 中，

$$A=\sqrt{x^2+y^2},\theta=\tan^{-1}\frac{y}{x} \tag{3-3}$$

$$x=A\cos\theta,y=A\sin\theta \tag{3-4}$$

说明

因为字母 i 在很多领域经常有一些特殊的意义，所以在自动控制原理中常使用字符 j 作为虚数单位，而且在表示复数时，经常将字符 j 写于虚部数值之前，例如复数 3+4i 写成 3+j4。不过正如表 2-1 所示，在 Scilab 程序中我们是使用预留字符%i 表示虚数单位。

我们定义复数 $x+\mathrm{j}y$ 与 $x-\mathrm{j}y$ 是一对共轭复数，它们的实部相同，虚部为正负相反。

在复数域中有如下的欧拉公式

$$\mathrm{e}^{\mathrm{j}\theta}=\cos\theta+\mathrm{j}\sin\theta \tag{3-5}$$

其中，$\mathrm{e}^{\mathrm{j}\theta}$ 可以理解为复平面上以原点为圆心的一个单位圆，$|e^{\mathrm{j}\theta}|=1$，实部的值为 $\cos\theta$，虚部值为 $\sin\theta$。

$\mathrm{e}^{\mathrm{j}\theta}$ 的运算规则与实数域上的两个指数相乘是一致的。

$$\begin{aligned}
&① \ \mathrm{e}^{\mathrm{j}a}\mathrm{e}^{\mathrm{j}b}=\mathrm{e}^{\mathrm{j}(a+b)}\\
&② \ \mathrm{e}^{x+\mathrm{j}\theta}=\mathrm{e}^{x}\mathrm{e}^{\mathrm{j}\theta}=\mathrm{e}^{x}(\cos\theta+\mathrm{j}\sin\theta)\\
&③ \ \mathrm{e}^{-\mathrm{j}a}=\frac{1}{\mathrm{e}^{\mathrm{j}a}}\\
&④ \ \frac{\mathrm{e}^{\mathrm{j}a}}{\mathrm{e}^{\mathrm{j}b}}=\mathrm{e}^{\mathrm{j}(a-b)}
\end{aligned} \tag{3-6}$$

例 3-1 在 Scilab 中进行的复数计算。

```
//例 3-1,Scilab 中的复数计算
a=3+4*%i;      //定义复数 a=3+4i
```

```
cj=conj(a)              //求 a 的共轭复数
ab=abs(a)               //求复数的绝对值,相当于求模
re=real(a)              //获得复数的实部
im=imag(a)              //获得复数的虚部
rad=atan(im,re)         //求复数的正切角的弧度值,即式(3-3)中的θ值
deg=rad*180/%pi         //将正切弧度转换为角度值
```

运行结果如下所示。

```
--> cj=conj(a)          //求 a 的共轭复数
 cj=
   3. -4. i
--> ab=abs(a)           //求复数的绝对值,相当于求模
 ab=
   5.
--> re=real(a)          //获得复数的实部
 re=
   3.
--> im=imag(a)          //获得复数的虚部
 im=
   4.
--> rad=atan(im,re)     //求复数的正切角的弧度值
 rad=
   0.9272952
--> deg=rad*180/%pi     //将正切弧度转换为角度值
 deg=
   53.130102
```

3.2 拉普拉斯变换与反变换

拉普拉斯变换（简称拉氏变换）和拉普拉斯反变换是一种常用于控制工程和信号处理等领域的数学变换方法，在工程实践中用于间接求解线性常微分方程，同时也是在控制系统中建立复数域的数学模型（即传递函数）的数学基础。因此

拉普拉斯变换及其反变换是架设在控制系统的时域微分方程和复数域传递函数之间的桥梁。

3.2.1 拉普拉斯变换及其基本性质

假设 $t<0$ 时函数 $f(t)=0$ 并且对 $f(t)$ 进行积分时可得 $\int_{-\infty}^{+\infty}|f(t)|\,\mathrm{d}x<\infty$，那么函数 $f(t)$ 的拉普拉斯变换 $F(s)=\mathcal{L}[f(t)]$ 表示如下：

$$F(s)=\mathcal{L}[f(t)]=\int_{0}^{\infty}f(t)\mathrm{e}^{-st}\,\mathrm{d}t \tag{3-7}$$

复数 $s=\sigma+\mathrm{j}\omega$，$F(s)$ 是以 s 为变量的复函数，$F(s)$ 存在的复平面被称为 s 平面。

反之，

$$f(t)=\frac{1}{2\pi\mathrm{j}}\int_{\sigma-j\infty}^{\sigma+j\infty}F(s)\mathrm{e}^{st}\,\mathrm{d}s \tag{3-8}$$

称为复函数 $F(s)$ 的拉普拉斯反变换，记为 $f(t)=\mathcal{L}^{-1}[F(s)]$。

表 3-1 列出了拉普拉斯变换的基本性质和一些常用函数的拉普拉斯变换。

表 3-1　拉普拉斯变换的基本性质和常用函数的变换表

说明	时域函数 $f(t),g(t)$	复函数 $F(s),G(s)$
加减法	$f(t)\pm g(t)$	$F(s)\pm G(s)$
常数相乘	$af(t)$	$aF(s)$
一阶导数	$\dot{f}(t)$	$sF(s)-f(0)$
二阶导数	$\ddot{f}(t)$	$s^2F(s)-[sf(0)+\dot{f}(0)]$
n 阶导数	$\frac{\mathrm{d}f^n(t)}{\mathrm{d}t^n}$	$s^nF(s)-[s^{n-1}f(0)+s^{n-2}\dot{f}(0)+\cdots+f^{(n-1)}(0)]$
积分	$\int_0^t f(\tau)\mathrm{d}\tau$	$\frac{1}{s}F(s)$
卷积积分	$\int_0^t f(t-\tau)g(\tau)\mathrm{d}\tau$	$F(s)G(s)$
时域位移定理	$f(t-a)$	$e^{-as}F(s)$
复数域位移定理	$e^{at}f(t)$	$F(s-a)$
单位脉冲函数	$\delta(t)$	1
单位阶跃函数	$1(t)$	$\frac{1}{s}$
单位斜坡函数	t	$\frac{1}{s^2}$

续表

说明	时域函数 $f(t),g(t)$	复函数 $F(s),G(s)$
	t^n	$\frac{n!}{s^{n+1}}$
	e^{-at}	$\frac{1}{s+a}$
	$t^n e^{-at}$	$\frac{n!}{(s+a)^{n+1}}$
	$\sin\omega t$	$\frac{\omega}{s^2+\omega^2}$
	$\cos\omega t$	$\frac{s}{s^2+\omega^2}$
	$e^{-at}\sin\omega t$	$\frac{\omega}{(s+a)^2+\omega^2}$
	$e^{-at}\cos\omega t$	$\frac{s+a}{(s+a)^2+\omega^2}$
	$\frac{\omega_n}{\sqrt{1-\xi^2}}e^{-\xi\omega_n t}\sin(\omega_d t),\omega_d=\omega_n\sqrt{1-\xi^2}$	$\frac{\omega_n^2}{s^2+2\xi\omega_n s+\omega_n^2}$
终值定理	$\lim\limits_{t\to\infty}f(t)=\lim\limits_{s\to 0}[sF(s)]$	
初值定理	$\lim\limits_{t\to 0}f(t)=\lim\limits_{s\to\infty}[sF(s)]$	

表 3-1 给出了拉普拉斯变换的基本性质和一些常用时域函数的拉普拉斯变换，包括单位脉冲函数、单位阶跃函数、单位斜坡函数、指数函数和正余弦函数等。

有必要说明的是，单位脉冲函数 $\delta(t)$ 是物理学和工程领域中非常重要的函数，它具有如下性质：

$$\delta(t)=\begin{cases}\infty & t=0\\ 0 & t\neq 0\end{cases},\quad \int_{-\infty}^{\infty}\delta(t)\mathrm{d}t=1 \tag{3-9}$$

$$\delta(t-\tau)=\begin{cases}\infty & t=\tau\\ 0 & t\neq\tau\end{cases} \tag{3-10}$$

单位阶跃函数 $1(t)$ 是 $t<0$ 时函数值等于 0 且 $t>=0$ 时函数值为 1 的台阶状函数。同样，对于斜坡函数 $f(t)=at(a>0)$，当 $a=1$ 时称为单位斜坡函数。指数函数形如 e^{-at}，当 $a>0$ 时，t 越大，则 e^{-at} 函数值越趋近于 0。反之若 $a<0$ 时，t 越大，则 e^{-at} 越趋近于无穷大。这些函数经常作为控制系统的典型输入信号用于在时域中测试系统的稳定性和动态性能，而正余弦函数用于在频域中测试系统的稳定性和动态性能。

以上这些典型函数在本书最后提供的自动控制原理教材的参考文献中有详细的说明，而我们也特别希望读者将本书结合自动控制原理教材一起配合使用，这样就能够很好地将控制系统的原理与仿真实践相结合。

3.2.2 Scilab中的拉普拉斯反变换

对控制系统的分析大多是在复平面上，因为在经典的自动控制理论中，复平面上的系统稳定性和动态性能分析理论是非常完善和有效的。那么在完成对控制系统的分析后，很多时候还要再将结果转化到时域平面中来。

这时就需要进行拉普拉斯反变换，也就是从复数域的 $F(s)$ 变换成时域中的 $f(t)$。对于一些常用函数，可以查阅表3-1由复函数对应回时域函数。但是如果所求函数不在表3-1中，那么就需要按照式(3-8)去计算了，可见难度很高。此时可以采用如下所述的部分分式展开法求解。

不失一般性，设函数 $F(s)$ 为

$$F(s)=\frac{N(s)}{D(s)}=\frac{b_m s^m+\cdots+b_1 s+b_0}{s^n+a_{n-1}s^{n-1}+\cdots+a_1 s+a_0},n\geqslant m \tag{3-11}$$

其中，$N(s)$ 和 $D(s)$ 为 $F(s)$ 的分子和分母多项式，都是以 s 为自变量的有理函数。

在进行部分分式展开时，要根据分母多项式 $D(s)$ 的根是否为重根而有不同的计算步骤。下面分两种情况举例加以说明。

（1）D(s)中没有相同的根

为了便于分析，我们再将这种情况分为两类。一类是没有相同的实数根（即无重实根），另一类是没有相同的复数根。

① 在 $D(s)$ 中没有相同的实根。

例3-2 完成下式的拉普拉斯反变换。

$$F(s)=\frac{s+3}{s(s+1)(s+2)} \tag{3-12}$$

解：

分母 $D(s)$ 中有三个根，分别是 $p_1=0$，$p_2=-1$，$p_3=-2$。这三个根都是实数并且各不相等。

式(3-12)这样的结构在表3-1中没有对应的形式，因此无法通过查表直接将 $F(s)$ 反变换成 $f(t)$。此时可以将式(3-12)进行部分分式的展开，拆成如下的形式。

$$F(s)=\frac{s+3}{s(s+1)(s+2)}=\frac{c_1}{s}+\frac{c_2}{s+1}+\frac{c_3}{s+2} \tag{3-13}$$

此时我们的工作就是求系数 c_1、c_2 和 c_3。首先在式(3-13) 的两侧同时乘以 s 可得，

$$\frac{s+3}{(s+1)(s+2)}=c_1+\frac{c_2}{s+1}s+\frac{c_3}{s+2}s \tag{3-14}$$

将 $s=0$ 代入式(3-14) 可得 $c_1=1.5$。利用同样的方法，分别在式(3-13) 的两侧同时乘以 (s+1) 和 (s+2)，并分别将 s=−1 和 s=−2 代入后，可得 $c_2=-2$，$c_3=0.5$。这样就将式(3-13) 变成了式(3-15)：

$$F(s)=\frac{s+3}{s(s+1)(s+2)}=\frac{1.5}{s}-\frac{2}{s+1}+\frac{0.5}{s+2} \tag{3-15}$$

此时 $F(s)$ 的三个部分分式均为 $\frac{1}{s}$ 或 $\frac{1}{s+a}$ 的形式。利用表 3-1 中前两个的加减法和常数相乘的性质可得

$$\begin{aligned}f(t)&=\mathcal{L}^{-1}\left[\frac{s+3}{s(s+1)(s+2)}\right]\\&=\mathcal{L}^{-1}\left[\frac{1.5}{s}\right]-\mathcal{L}^{-1}\left[\frac{2}{s+1}\right]+\mathcal{L}^{-1}\left[\frac{0.5}{s+2}\right]\\&=1.5\mathcal{L}^{-1}\left[\frac{1}{s}\right]-2\mathcal{L}^{-1}\left[\frac{1}{s+1}\right]+0.5\mathcal{L}^{-1}\left[\frac{1}{s+2}\right]\\&=1.5-2\mathrm{e}^{-t}+0.5\mathrm{e}^{-2t}\end{aligned} \tag{3-16}$$

说明

在求系数 c_1、c_2 和 c_3 的时候，形式上是先分式展开再分别求系数，实际上这一过程就是在求取留数。下面给出求留数的计算过程。

当 n 阶多项式 $D(s)$ 无重根，即有不同的实根 p_1，p_2，…，p_n 时，$F(s)$ 的部分分式展开如下所示

$$F(s)=\frac{N(s)}{(s-p_1)(s-p_2)\cdots(s-p_n)}=\frac{c_1}{s-p_1}+\frac{c_2}{s-p_2}+\cdots+\frac{c_n}{s-p_n} \tag{3-17}$$

其中，$c_1,c_2,\cdots,c_n$ 是待定系数，也分别是 $p_1,p_2,\cdots,p_n$ 的留数，可根据下式求取。

$$c_i=\lim_{s\to p_i}[(s-p_i)F(s)](i=1,2,\cdots,n) \tag{3-18}$$

然后查表 3-1 就可以得到拉普拉斯反变换的结果为

$$f(t)=\mathcal{L}^{-1}\left[\frac{c_1}{s-p_1}+\frac{c_2}{s-p_2}+\cdots+\frac{c_n}{s-p_n}\right]=c_1\mathrm{e}^{p_1t}+c_2\mathrm{e}^{p_2t}+\cdots+c_n\mathrm{e}^{p_nt} \tag{3-19}$$

现在我们利用式(3-18) 再次求取例 3-2 中的系数 c_1、c_2 和 c_3。

$$c_1=\lim_{s\to p_1}[(s-p_1)F(s)]=\lim_{s\to 0}\left[s\frac{s+3}{s(s+1)(s+2)}\right]=1.5$$

$$c_2=\lim_{s\to p_2}[(s-p_2)F(s)]=\lim_{s\to -1}\left[(s+1)\frac{s+3}{s(s+1)(s+2)}\right]=-2$$

$$c_3=\lim_{s\to p_3}[(s-p_3)F(s)]=\lim_{s\to -2}\left[(s+2)\frac{s+3}{s(s+1)(s+2)}\right]=0.5$$

可见利用留数的计算式(3-18) 与利用式(3-14) 和式(3-15) 求取系数 c_1、c_2 和 c_3 的过程是完全一致的。下面利用 Scilab 完成留数的计算。

例 3-3 利用 Scilab 编程求取例 3-2 中 $F(s)$ 的系数 c_1、c_2 和 c_3。

```
//例 3-3,在相异实数根的情况下求留数。
s=%s;
N=s+3;
D=s*(s+1)*(s+2);
p=roots(D)                //求多项式 D=0 的根
//
D1=pdiv(D,(s-p(1)));      //在多项式 D 中去掉(s-p1)项
c1=horner(N/D1,p(1))      //计算有理函数 N/D1 在变量 s=p1 时的留数 c1
D2=pdiv(D,(s-p(2)));
c2=horner(N/D2,p(2))      //计算留数 c2
D3=pdiv(D,(s-p(3)));
c3=horner(N/D3,p(3))      //计算留数 c3
```

程序执行结果如下所示。

```
--> p=
      -2. +0. i
      -1. +0. i
      0. +0. i
  c1=
      0. 5
  c2=
```

```
    -2.
 c3=
    1.5
```

需要注意的是，利用 Scilab 编程求取的三个根 p_1、p_2、p_3 的顺序与例 3-2 中的顺序是不一样的，因此导致它们对应的留数 c_1、c_2 和 c_3 也与例 3-2 中的顺序不同，但最终结果是一致的。

② 在 $D(s)$ 中没有相同的复数根。

例 3-4 完成下式的拉普拉斯反变换

$$F(s)=\frac{4}{s(s^2+2s+5)} \tag{3-20}$$

解：

与例 3-2 相似，将上式的分母 $D(s)$ 进行因式分解可得到三个根，分别是 $p_1=0$，$p_2=-1-\mathrm{j}2$，$p_3=-1+\mathrm{j}2$。这三个根中 p_1 是实数，另两个根 p_2 和 p_3 是互不相等的共轭复数。

将式(3-20) 进行分式展开可得

$$F(s)=\frac{4}{s[s-(-1-\mathrm{j}2)][s-(-1+\mathrm{j}2)]}=\frac{c_1}{s}+\frac{c_2}{s-(-1-\mathrm{j}2)}+\frac{c_3}{s-(-1+\mathrm{j}2)}$$

按照式(3-18) 就可以求解系数 c_1、c_2 和 c_3，如下所示

$$c_1=\lim_{s\to p_1}[(s-p_1)F(s)]=\lim_{s\to 0}\left[s\frac{4}{s(s^2+2s+5)}\right]=0.8$$

$$c_2=\lim_{s\to p_2}[(s-p_2)F(s)]=\lim_{s\to -1-\mathrm{j}2}\left[\frac{4}{s[s-(-1+\mathrm{j}2)]}\right]=\frac{1}{5}(-2-\mathrm{j})=-\frac{2+\mathrm{j}}{5}$$

因为 c_3 和 c_2 是共轭复数，所以

$$c_3=-\frac{2-\mathrm{j}}{5}$$

得到

$$F(s)=\frac{0.8}{s}-\frac{1}{5}\left[\frac{2+\mathrm{j}}{[s-(-1-\mathrm{j}2)]}+\frac{2-\mathrm{j}}{[s-(-1+\mathrm{j}2)]}\right]$$

查表 3-1 可得

$$\begin{aligned}f(t)&=0.8-\frac{1}{5}[(2+\mathrm{j})\mathrm{e}^{-(1+\mathrm{j}2)t}+(2-\mathrm{j})\mathrm{e}^{-(1-\mathrm{j}2)t}]\\&=0.8-0.2\,\mathrm{e}^{-t}[2(\mathrm{e}^{\mathrm{j}2t}+\mathrm{e}^{-\mathrm{j}2t})-\mathrm{j}(\mathrm{e}^{\mathrm{j}2t}-\mathrm{e}^{-\mathrm{j}2t})]\end{aligned}$$

根据欧拉公式 $\mathrm{e}^{\pm\mathrm{j}\theta}=\cos\theta\pm\mathrm{j}\sin\theta$ 可知，

$$e^{j\theta}+e^{-j\theta}=2\cos\theta,e^{j\theta}-e^{-j\theta}=2j\sin\theta$$

因此

$$f(t)=0.8-0.8e^{-t}\left(\cos 2t+\frac{1}{2}\sin 2t\right)$$

与例 3-3 所示的程序相似，利用 Scilab 求例 3-4 中留数的程序和执行结果如下：

```
//例 3-4,在不同复数根情况下求留数
s=%s;
N=4;
D=s*(s^2+2*s+5);
p=roots(D)
//
D1=pdiv(D,(s-p(1)));
c1=horner(N/D1,p(1))
D2=pdiv(D,(s-p(2)));
c2=horner(N/D2,p(2))
D3=pdiv(D,(s-p(3)));
c3=horner(N/D3,p(3))
```

```
p=
  -1.+2.i
  -1.-2.i
    0.+0.i
c1=
  -0.4+0.2i
c2=
  -0.4-0.2i
c3=
  0.8
```

（2）在 D（s）中有相同的根

例 3-5 请完成下式的拉普拉斯反变换。

$$F(s)=\frac{s+2}{s(s+3)(s+1)^2} \tag{3-21}$$

由式(3-21) 可知，$F(s)$ 有一个零点，即 $z_1=-2$，它还有四个极点，分别是 $p_1=0$，$p_2=-3$，$p_3=p_4=-1$。这四个根中有重根（$p_3=p_4$），所以不能按照无重根的方法去求留数。

此时需要将单根的项和重根的项分别进行部分分式展开，可得如下形式(特别要注意对重根分式的展开，需要分为含有 c_3 和 c_4 的两项)。

$$F(s)=\frac{s+2}{s(s+3)(s+1)^2}=\frac{c_1}{s}+\frac{c_2}{s+3}+\frac{c_3}{(s+1)^2}+\frac{c_4}{s+1}$$

仍然用式(3-18) 求出留数 c_1、c_2 和 c_3。此时需要注意的是，在求 c_3 时是 $(s+1)^2$ 的留数。

$$c_1=\lim_{s\to p_1}[(s-p_1)F(s)]=\lim_{s\to 0}\left[s\frac{s+2}{s(s+3)(s+1)^2}\right]=\frac{2}{3}$$

$$c_2=\lim_{s\to p_2}[(s-p_2)F(s)]=\lim_{s\to -3}\left[(s+3)\frac{s+2}{s(s+3)(s+1)^2}\right]=\frac{1}{12}$$

$$c_3=\lim_{s\to p_3}[(s-p_3)^2F(s)]=\lim_{s\to -1}\left[(s+1)^2\frac{s+2}{s(s+3)(s+1)^2}\right]=-\frac{1}{2}$$

现在的问题出现在求 c_4 上。如果仍然用式(3-18) 的形式去求，会出现如下情况：

$$\lim_{s\to p_4}[(s-p_4)F(s)]=\lim_{s\to -1}\left[(s+1)\frac{s+2}{s(s+3)(s+1)^2}\right]=-\infty$$

因此对于有重根的情况需要特别处理。在此先给出一般情况下的处理方法，然后再计算例 3-5 中的 c_4。

设 n 阶多项式 $D(s)$ 是 $F(s)$ 的分母，$F(s)$ 有 r 个 s_1 的重根，则 $F(s)$ 可写为

$$F(s)=\frac{b_m s^m+\cdots+b_1 s+b_0}{(s-s_1)^r(s-s_{r+1})\cdots(s-s_n)} \tag{3-22}$$

对式(3-22) 进行部分分式展开，得到

$$F(s)=\frac{c_r}{(s-s_1)^r}+\frac{c_{r-1}}{(s-s_1)^{r-1}}+\cdots+\frac{c_1}{s-s_1}+\frac{c_{r+1}}{s-s_{r+1}}+\cdots\frac{c_n}{s-s_n} \tag{3-23}$$

式中，s_1 为 $F(s)$ 的重极点，其余的极点为非重极点。$c_{r+1}\cdots c_n$ 为非重极点的待定系数，可以按式(3-18) 求解。c_r，$c_{r-1}\cdots c_1$ 为重极点的待定系数，需要通过下式计算：

$$c_r=\lim_{s\to s_1}(s-s_1)^rF(s)$$

$$c_{r-1}=\lim_{s\to s_1}\frac{\mathrm{d}}{\mathrm{d}s}[(s-s_1)^r F(s)]$$

……

$$c_{r-j}=\frac{1}{j!}\lim_{s\to s_1}\frac{\mathrm{d}^{(j)}}{\mathrm{d}s^j}[(s-s_1)^r F(s)]$$

……

$$c_1=\frac{1}{(r-1)!}\lim_{s\to s_1}\frac{\mathrm{d}^{(r-1)}}{\mathrm{d}s^{r-1}}[(s-s_1)^r F(s)] \tag{3-24}$$

然后再求出 $F(s)$ 的原函数 $f(t)$，即拉普拉斯反变换为

$$f(t)=\mathcal{L}^{-1}[F(s)]$$

$$=[\frac{c_r}{(r-1)!}t^{r-1}+\frac{c_{r-1}}{(r-2)!}t^{r-2}+\cdots+c_2t+c_1]\mathrm{e}^{s_1t}+\sum_{i=r+1}^{n}c_i\mathrm{e}^{s_it} \tag{3-25}$$

现在再回到例3-5。在式(3-21) 中有重根 $p_3=p_4$，因此重根的个数 $r=2$。所以根据式(3-24) 可得例3-5中的

$$c_4=\lim_{s\to p_4}\frac{\mathrm{d}}{\mathrm{d}s}[(s-p_4)^2F(s)]=\lim_{s\to -1}\frac{\mathrm{d}}{\mathrm{d}s}\left[(s+1)^2\frac{s+2}{s(s+3)(s+1)^2}\right]=-\frac{3}{4}$$

由式(3-25) 可得拉普拉斯反变换的结果

$$f(t)=\frac{2}{3}+\left(-\frac{1}{2}t-\frac{3}{4}\right)\mathrm{e}^{-t}+\frac{1}{12}\mathrm{e}^{-3t}$$

3.3 Scilab中系统的特征向量与特征值

3.3.1 控制系统的稳定性

控制系统的稳定性在实际应用中是绝对必要的。如果系统不稳定，当受到外界环境或内部扰动时，系统就会偏离原来的平衡状态并无法恢复。如果系统稳定，即使受到扰动，随着时间的推移，系统也能够恢复到原来的平衡状态。

图3-1是一个负反馈控制系统的结构图，其中 $G_C(s)$ 是控制器的传递函数，$G(s)$ 是被控对象的传递函数，$H(s)$ 是反馈装置的传递函数。而 $R(s)$ 是系统的输入（目标值），$E(s)$ 是系统的输入与反馈信号 $B(s)$ 的差分，$U(s)$ 是控制

器的输出（同时也是被控对象的输入），$C(s)$ 是系统的实际输出。

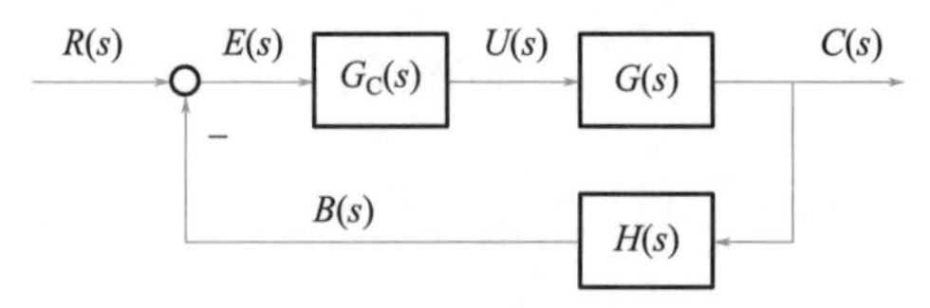

图 3-1 **一般反馈控制系统的结构图**

有时候为了便于理论分析，可以把 $G_C(s)$ 和 $G(s)$ 合成为一个传递函数，因此简化后的系统结构如图 3-2 所示。

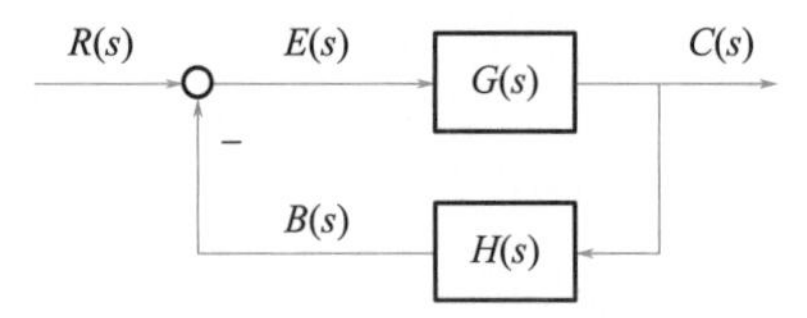

图 3-2 **反馈控制系统的结构图**

在第 4 章将详细说明系统的结构图和传递函数（传递函数目前可以先简单地理解为某个设备或元件的数学模型）。下面先提供一些概念和数学基础知识，用以推导出系统稳定的充分必要条件并利用 Scilab 进行计算。

① 开环传递函数：假设将图 3-2 中 $B(s)$ 反馈到输入时的箭头部分切断（如图 3-3 所示），从信号 $E(s)$ 到 $B(s)$ 之间总的传递函数就是开环传递函数，即

$$G_{开环}(s)=\frac{B(s)}{E(s)}=G(s)H(s) \tag{3-26}$$

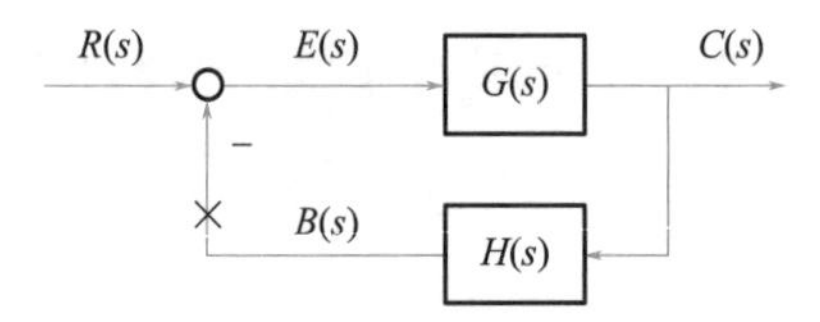

图 3-3 **反馈控制系统的结构图**

② 闭环传递函数：指图 3-2 中系统的输出 $C(s)$ 与输入 $R(s)$ 之间的传递函数，记为

$$\Phi(s)=\frac{C(s)}{R(s)}=\frac{G(s)}{1+G(s)H(s)} \tag{3-27}$$

在此先略去对式(3-27) 的推导，有关问题将在第 4 章中介绍。

③ 特征方程和特征根：式(3-27) 的分母为零时的方程被称作特征方程，如式(3-28) 所示。特征方程的根就叫特征根。

$$1+G(s)H(s)=0 \tag{3-28}$$

有了上述定义之后，在此我们不加证明地给出图 3-2 所示反馈控制系统稳定的充分必要条件就是闭环传递函数 $\Phi(s)$ 的所有极点均位于 s 平面的左半平面，也可以理解为式(3-28) 的解，即所有的特征根的实部均为负数（小于零）。

3.3.2 Scilab 中的特征向量与特征值求解

由上节可知，通过求解闭环控制系统的特征根就可以了解系统的稳定性（在第 5 章将利用劳斯判据详细分析系统的稳定性）。因此，本节先利用 Scilab 从数学上介绍特征向量和特征值的求解，这些内容在第 7 章到第 9 章讲解现代控制时也会经常使用。

已知 n 维矩阵 $\boldsymbol{A}$，定义

$$|s\boldsymbol{I}-\boldsymbol{A}|=s^n+a_{n-1}s^{n-1}+a_{n-2}s^{n-2}+\cdots+a_1s+a_0 \tag{3-29}$$

为矩阵 $\boldsymbol{A}$ 的特征多项式。

又定义

$$|s\boldsymbol{I}-\boldsymbol{A}|=s^n+a_{n-1}s^{n-1}+a_{n-2}s^{n-2}+\cdots+a_1s+a_0=\boldsymbol{0} \tag{3-30}$$

为特征方程。

n 阶的特征方程在复数域上必然有 n 个解，即 λ_1，λ_2，…，λ_n，它们被称作矩阵 $\boldsymbol{A}$ 的特征值。此外，如果存在 n 维向量 $\boldsymbol{v}_i$ 且满足

$$\boldsymbol{A}\boldsymbol{v}_i=\boldsymbol{\lambda}_i\boldsymbol{v}_i,\boldsymbol{v}_i\neq\boldsymbol{0} \tag{3-31}$$

则称 $\boldsymbol{v}_i$ 为 λ_i 的特征向量。

特征值和特征向量中的元素既可以是实数也可以是复数。特征值只要不重复，每个特征值对应的 n 维特征向量 v_i 就都存在并且彼此线性独立。此时，存在 n 阶矩阵 $\boldsymbol{T}$

$$\boldsymbol{T}=[v_1 \quad v_2 \quad \cdots \quad v_n]\in\mathbb{R}^{n\times n} \tag{3-32}$$

是正则的，并且

$$\boldsymbol{T}^{-1}\boldsymbol{A}\boldsymbol{T}=\boldsymbol{\Lambda}=\begin{bmatrix}\lambda_1 & & & 0\\ & \lambda_2 & & \\ & & \ddots & \\ 0 & & & \lambda_n\end{bmatrix} \tag{3-33}$$

我们可以通过式(3-33) 把 n 阶矩阵 $\boldsymbol{A}$ 变换为对角矩阵 $\boldsymbol{\Lambda}$。这个操作被称为对角化，$\boldsymbol{T}$ 被称为对角变换矩阵。

说明

在本书第 7 章到第 9 章讨论现代控制理论时，这种不同形式矩阵之间的变换就极为重要了。

如果把式(3-30)，即特征方程中的 s 替换为矩阵 $\boldsymbol{A}$，可得

$$\boldsymbol{A}^n+a_{n-1}\boldsymbol{A}^{n-1}+\cdots+a_1\boldsymbol{A}+a_0\boldsymbol{I}=0 \tag{3-34}$$

这就是凯莱-哈密顿定理，它说明了 $\boldsymbol{A}^{\mathrm{n}}$ 可以用 $\boldsymbol{A}^{\mathrm{n}-1}$，$\boldsymbol{A}^{\mathrm{n}-2}$，…，$\boldsymbol{I}$ 的线性组合来表示。这一定理在现代控制中也是非常重要的。

例 3-6 利用 Scilab 求解矩阵 **A** 的特征方程和特征值。

```
//例 3-6,求矩阵 A 的特征方程和特征值
s=%s;
A=[1 2;3 4];
uA=eye(A)             //eye(A)是生成一个与 A 同阶的单位矩阵
fA=det(s*uA-A)        //利用 det 函数构造形如式(3-30)的特征多项式
rA=roots(fA)          //利用 roots 函数求 fA 的根
```

程序执行后在 Scilab 的控制台输入各个变量 uA、fA 和 rA 后显示的计算结果如下：

```
uA=
  1.  0.
  0.  1.
fA=
  -2-5s+s^2
rA=
  5.3722813+0.i
  -0.3722813+0.i
```

下面再用两个例题以其他方法求矩阵的特征方程和特征值。

例 3-7 利用 Scilab 求解矩阵的特征方程和特征值。

```
//例 3-7,用不同的方法求矩阵的特征方程和特征值
s=%s;
A=[1 2;3 4];
B=[1 3;5 7];
```

```
fA=poly(A,"s")        //求矩阵A的以s为自变量的特征多项式
rA=roots(fA)          //求多项式的特征值
rB=spec(B)            //spec函数可以直接求得矩阵的特征值
```

程序执行后在Scilab的控制台输入各个变量fA、rA和rB后显示的计算结果如下：

```
fA=
  -2-5s+s^2
rA=
  5.3722813+0.i
  - 0.3722813+0.i
rB=
  -0.8989795+0.i
  8.8989795+0.i
```

例3-8 利用Scilab求解矩阵的特征值和特征向量。

```
//例3-8,求矩阵的特征值和特征向量
B=[1 3;5 7];
[D,T]=bdiag(B)      //bdiag函数可以直接求矩阵的特征值并保存在
                    //变量D的主对角线元素中,如式(3-33)所示
                    //T表示特征向量,请参考式(3-32)
X=inv(T)*B*T        //计算式(3-33)。因此变量X和D应该相等
```

程序执行后在Scilab的控制台显示各变量的计算结果如下

```
D=
  -0.8989795      0.
  0.              8.8989795
T=
  -0.844949       -0.3623724
  0.5348469       -0.9541241
X=
  -0.8989795      -1.110D-16
  -8.882D-16      8.8989795
```

在变量 X 中，数值－8.882D－16 和－1.110D－16 均表示极小的数，可以认为是零。所以 X 与 D 是相等的。此外，保存在 D 的主对角线上的矩阵 B 的特征值为－0.8989795 和 8.8989795，与例 3-7 中保存在变量 rB 中的特征值是相等的。因此，在实际编程时可以根据需要选取不同的函数求解系统的特征值。

3.4 本章小结

在第 2 章介绍 Scilab 基本操作的基础上，本章通过例题给出了控制系统分析时必要的数学知识，包括：

① 复数的基本计算。

② 拉普拉斯变换的性质和常用函数变换表。

③ 在拉普拉斯反变换中使用的部分分式展开法和留数的计算。

④ 系统的特征方程、特征值和特征向量的计算。

作为本章的总结，表 3-2 给出了一些 Scilab 中计算控制系统的向量和矩阵时经常用到的函数。

表 3-2 Scilab 中常用的向量与矩阵运算

命令	说明	举例
\	求 $\boldsymbol{A}x=\boldsymbol{b}$ 的解	**A**=[1 2;3 4];**b**=[2;5];**x**=**A****b**
’	转置	**A**=[11 12;21 22];**B**=A’
bdiag()	求特征值和特征向量	例 3-8
det()	求行列式	**A**=[1 2;3 4];**f**=det(**A**)
inv()	矩阵求逆	**A**=[1 2;3 4];**B**=inv(**A**)
rank()	矩阵求秩	**A**=[1 2;3 4];rank(**A**)
roots()	多项式求解	例 3-7
spec()	求特征值	例 3-7
部分分式展开，求留数		例 3-2，例 3-3，例 3-4

本章练习

1. 求下列各函数的拉普拉斯反变换。（参考第 3.2 节）

(1) $F(s)=\dfrac{s-2}{s^2+3s+2}$　　(2) $F(s)=\dfrac{s+3}{s(s+1)^2(s+2)}$

2.利用Scilab求解以下矩阵的特征方程和特征值。（参考第3.3节）

（1）$A=\begin{bmatrix}1 & 3 & 8\\ -4.5 & -7 & -0.1\\ 0.53 & 5 & -2\end{bmatrix}$　　（2）$A=\begin{bmatrix}-1 & 1\\ -1 & -1\end{bmatrix}$

随手记

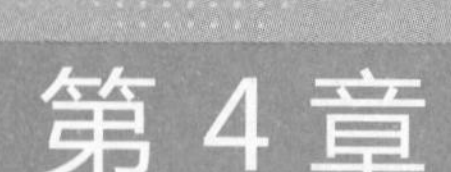

第 4 章 Scilab中控制系统的传递函数

4.1 传递函数的基本概念

无论是机械系统，还是电气系统或者其他类型的系统，都是由多个元素（或元器件）组合而成。当给定一个输入信号 $r(t)$ 的时候，系统就会产生输出 $c(t)$，如图 4-1 所示。对于线性定常连续系统而言，系统的输入与输出之间的关系可以用式(4-1) 描述的微分方程来表示。

$$a_n \frac{\mathrm{d}^n c(t)}{\mathrm{d}t^n}+a_{n-1} \frac{\mathrm{d}^{n-1} c(t)}{\mathrm{d}t^{n-1}}+\cdots+a_1 \frac{\mathrm{d}c(t)}{\mathrm{d}t}+a_0 c(t)$$

$$=b_m \frac{\mathrm{d}^m r(t)}{\mathrm{d}t^m}+\cdots+b_1 \frac{\mathrm{d}r(t)}{\mathrm{d}t}+b_0 r(t) \tag{4-1}$$

其中，n 被称为系统的阶数，一般情况下都有 $n>m$。

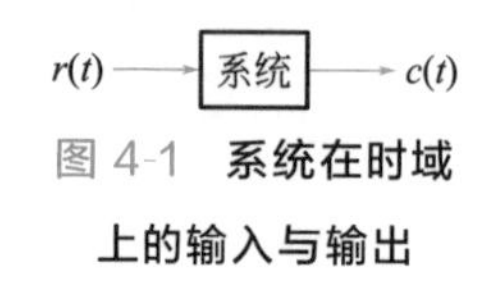

图 4-1 系统在时域上的输入与输出

当系统的阶次较高时，例如 $n>2$ 时，求解微分方程式(4-1) 将很困难。为此，在分析控制系统的性能时，通常先通过拉普拉斯变换，将式(4-1) 表示的时域上的输入输出关系转化为复数域的传递函数。利用传递函数来分析系统将变得非常方便。

在此我们省略了这一过程的数学分析（可以通过阅读书后提供的参考文献来进一步了解），步骤如下：

① 将变量 $r(t)$ 和 $c(t)$ 分别改写为 $R(s)$ 和 $C(s)$。

② 将一阶微分符号$\frac{\mathrm{d}}{\mathrm{d}t}$换成$s$，将二阶微分符号$\frac{\mathrm{d}^2}{\mathrm{d}t^2}$换成$s^2$，将$n$阶微分符号$\frac{\mathrm{d}^n}{\mathrm{d}t^n}$换成$s^n$。则式(4-1) 变成了式(4-2)。

$$(a_n s^n + a_{n-1} s^{n-1} + \cdots + a_1 s + a_0) C(s) = (b_m s^m + \cdots + b_1 s + b_0) R(s) \tag{4-2}$$

③ 整理式(4-2)，得到

$$\frac{C(s)}{R(s)} = \frac{b_m s^m + \cdots + b_1 s + b_0}{a_n s^n + a_{n-1} s^{n-1} + \cdots + a_1 s + a_0} \tag{4-3}$$

不失一般性，设$a_n = 1$。若$a_n \neq 1$，可以将式(4-3) 的分子与分母同除a_n。得到

$$\frac{C(s)}{R(s)} = \frac{b_m s^m + \cdots + b_1 s + b_0}{s^n + a_{n-1} s^{n-1} + \cdots + a_1 s + a_0} \tag{4-4}$$

④ 定义

$$G(s) = \frac{C(s)}{R(s)} \tag{4-5}$$

为系统的传递函数，也就是在零初始条件下系统输出量的拉普拉斯变换与输入量的拉普拉斯变换之比。也可以写成

$$C(s) = G(s) R(s) \tag{4-6}$$

完成以上步骤之后，就将微分方程式(4-1) 变成了传递函数的形式，即

$$G(s) = \frac{C(s)}{R(s)} = \frac{b_m s^m + \cdots + b_1 s + b_0}{s^n + a_{n-1} s^{n-1} + \cdots + a_1 s + a_0} \tag{4-7}$$

在传递函数中，$s = \sigma + \mathrm{j}\omega$ 为复变量。

与此对应，图 4-1 也变成了图 4-2 的形式。这就是系统的结构图，它在第 3 章已经出现过了，本章将作为重点进行说明。

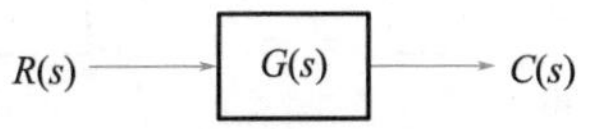

R(s) G(s) C(s)

图 4-2 **描述系统输入与输出关系的传递函数**

4.2 控制系统结构图的三种基本连接方式

将控制系统用结构图的形式表现出来，可以方便地分析系统的输入与输出之间的关系。这种方法在电气、机械、化学、生物、医学等各个领域中被频繁使

用，本节我们就来学习系统结构图的知识。

在如图3-2所示的负反馈控制系统结构图中，会出现图4-3(a)和(b)所示的比较点和引出点。

图4-3 **结构图中的比较点和引出点**

在图4-3(a)中，输出

$$C(s)=R_1(s)\pm R_2(s) \tag{4-8}$$

在图4-3(b)中要注意，引出点之后的信号在各处数值都不变，这一点与电路中的分流是不同的。

有了以上的基础知识之后，就可以将复杂的结构图进行简化操作了。系统结构图中的基本连接方式有串联、并联和反馈三种形式。

（1）串联连接

图4-4(a)是两个环节串联连接的形式，可以得到

$$X(s)=G_1(s)R(s),C(s)=G_2(s)X(s) \tag{4-9}$$

因此

$$C(s)=G_2(s)(G_1(s)R(s))=G_1(s)G_2(s)R(s) \tag{4-10}$$

即如图4-4(b)所示，串联连接总的传递函数等于各串联环节传递函数的乘积：

$$G(s)=\frac{C(s)}{R(s)}=G_1(s)G_2(s) \tag{4-11}$$

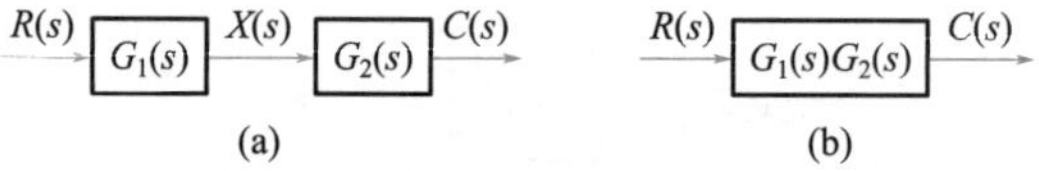

图4-4 **串联连接的结构图及其简化**

例4-1 设图4-4(a)中的$G_1(s)=\frac{10}{s+1}$，$G_2(s)=\frac{s}{s+2}$。求总的传递函数$G(s)$。

解： 程序和执行结果如下所示。

```
//例 4-1,求两个环节串联连接的总的传递函数
s=%s;
N1=10;              //G1 的分子
```

```
D1=s+1;                //G1 的分母
N2=s;                  //G2 的分子
D2=s+2;                //G2 的分母
N=N1*N2;               //总的传递函数的分子多项式
D=D1*D2;               //总的传递函数的分母多项式
G=N/D                  //传递函数的表达式形式
sys=syslin("c",G)      //转化为线性系统的传递函数
```

```
G=
     10s
---------
   2+3s+s^2

sys=
     10s
---------
   2+3s+s^2
```

说明

需要说明的是，在程序执行的结果中 G 和 sys 的表现形式看似相同，都是表示串联连接后的总的传递函数。但是 G 只是多项式的表达形式，可以进行多项式的各种计算。而 sys 是通过函数 syslin 变成了线性系统的真的传递函数，后面可以进行传递函数的各种操作。

（2）并联连接

图 4-5(a) 是两个环节并联连接的形式，可以得到

$$X_1(s)=G_1(s)R(s), X_2(s)=G_2(s)R(s) \tag{4-12}$$

因此

$$C(s)=X_1(s)\pm X_2(s)=[G_1(s)\pm G_2(s)]R(s) \tag{4-13}$$

即如图 4-5(b) 所示，并联连接总的传递函数等于各并联环节传递函数的代数和：

$$G(s)=\frac{C(s)}{R(s)}=G_1(s)\pm G_2(s) \tag{4-14}$$

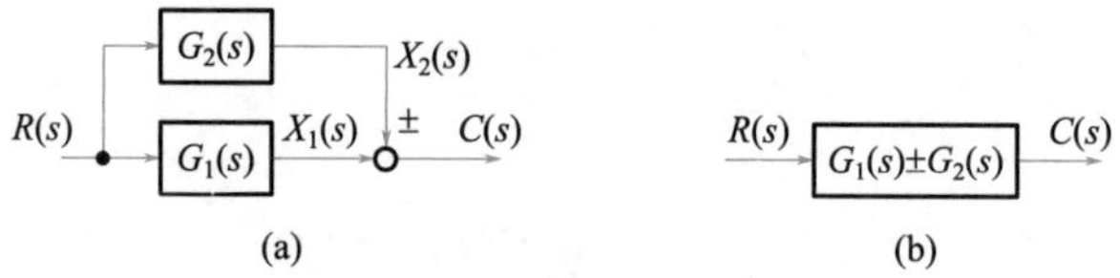

图 4-5 **并联连接的结构图及简化**

例 4-2 设图 4-5(a) 中的 $G_1(s)=\frac{10}{s+1}$，$G_2(s)=\frac{s}{s+2}$。求总的传递函数 $G(s)$。

解： 程序和执行结果如下所示。

```
//例 4-2,求两个环节并联连接的总的传递函数
s=%s;
N1=10;D1=s+1;         //G1 的分子和分母
N2=s;D2=s+2;          //G2 的分子和分母
//
G1=N1/D1;             //G1 的传递函数多项式
G2=N2/D2;             //G2 的传递函数多项式
G=G1+G2               //传递函数的表达式形式
sys=syslin("c",G)  //转化为线性系统的传递函数
```

```
G=
   20+11s+s^2
-----------
    2+3s+s^2
sys=
   20+11s+s^2
-----------
    2+3s+s^2
```

(3) 反馈连接

图 4-6(a) 是反馈连接的方式，可以得到

$$C(s)=G(s)E(s), E(s)=R(s)-B(s), B(s)=H(s)C(s) \tag{4-15}$$

整理式(4-15) 后对于图 4-6(a) 所示的负反馈可以得到

$$G(s)=\frac{C(s)}{R(s)}=\frac{G(s)}{1+G(s)H(s)} \tag{4-16}$$

即如图 4-6(b) 所示。

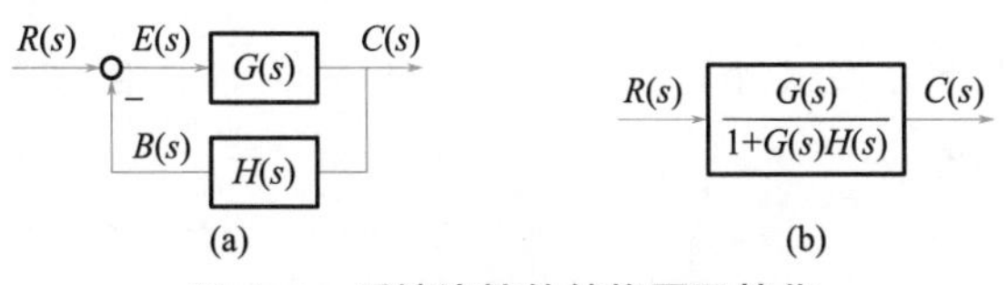

图 4-6 反馈连接的结构图及简化

如果图 4-6(a) 的负反馈符号“−”变为“+”，就成了正反馈。正反馈的传递函数为

$$G(s)=\frac{C(s)}{R(s)}=\frac{G(s)}{1-G(s)H(s)} \tag{4-17}$$

即式(4-16) 分母中的符号要发生变化。

例 4-3 设图 4-6(a) 中的 $G(s)=\frac{10}{s+1}$，$H(s)=\frac{1}{s}$。求总的传递函数 $\Phi(s)$。

解： 程序和执行结果如下所示。

```
//例 4-3,求负反馈的传递函数
s=%s;
NG=10;DG=s+1;          //G 的分子和分母
NH=1;DH=s;             //H 的分子和分母
//
G=NG/DG;               //G 的传递函数多项式
H=NH/DH;               //H 的传递函数多项式
//
Phi=G/.H               //负反馈总的传递函数的表达式形式,请记住这个公式
sys=syslin("c",Phi)//转化为线性系统的传递函数
```

```
Phi=
    10s
---------
  10+s+s^2

 sys=
    10s
---------
  10+s+s^2
```

在程序中我们用了公式 $\Phi(s)=G(s)/.H(s)$，请记住这个公式，可以直接求负反馈的传递函数。

例 4-4 设系统与例 4-3 一样，即图 4-6(a) 中的 $G(s)=\dfrac{10}{s+1}$，$H(s)=\dfrac{1}{s}$。利用 Scilab 中的线性分式变换函数 lft 求总的传递函数 Φ（s）。如果是负反馈，lft 函数的形式为

$$负反馈总的传递函数\ \mathrm{Phi}=\mathrm{lft}([0,1;1,-H],G) \tag{4-18}$$

式中，G 是前向传递函数 $G(s)$，H 是反馈传函 $H(s)$。

如果是正反馈，则

$$正反馈总的传递函数\ \mathrm{Phi}=\mathrm{lft}([0,1;1,H],G) \tag{4-19}$$

解： 程序和执行结果如下所示。

```
//例 4-4,利用线性分式变换函数 lft 求反馈系统的传递函数
s=%s;
NG=10;DG=s+1;             //G 的分子和分母
G=NG/DG;                  //G 的传递函数多项式
NH=1;DH=s;                //H 的分子和分母
H=NH/DH;                  //H 的传递函数多项式
//
Phi1=lft([0,1;1,-H],G) //负反馈总的传递函数的表达式形式
Phi2=lft([0,1;1,H],G)  //若是正反馈,则用该公式求传递函数
```

```
Phi1=
    10s
---------
  10+s+s^2

 Phi2=
    10s
----------
  -10+s+s^2
```

4.3 求取实际系统的传递函数

前面章节展示了传递函数的一般形式和简单系统的结构图及其基本连接方式。本节我们要学习实际工作中能够用到的电气及机械系统的传递函数。

4.3.1 电气系统的传递函数

我们以电阻-电感-电容组成的RLC电路为例进行讲解。表4-1给出了RLC电路中各元件的输入输出关系，可以随时查阅使用。

表4-1 RLC电路中各元件的输入输出关系

序号	名称	公式	输入输出关系
1	电压	$u(t)$	
2	电荷	$q(t)$	
3	电流	$q(t)=\int i(t)\mathrm{d}t$	$Q(s)=\frac{1}{s}\times I(s)$
4	电阻R	$u(t)=R\times i(t)$	$U(s)=R\times I(s)$
5	电感L	$\frac{\mathrm{d}i(t)}{\mathrm{d}t}=\frac{1}{L}\times u(t)$或$i(t)=\frac{1}{L}\int u(t)\mathrm{d}t$	$U(s)=Ls\times I(s)$
6	电容C	$i(t)=C\frac{\mathrm{d}u(t)}{\mathrm{d}t}$	$U(s)=\frac{1}{Cs}I(s)$

以表4-1中的序号4为例。对于电阻R，如果输入为电流$i(t)$，输出为电压$u(t)$，则描述电阻R的电压电流关系为

$$u(t)=R\times i(t) \tag{4-20}$$

其传递函数为

$$G(s)=\frac{U(s)}{I(s)}=R \tag{4-21}$$

可以看到电阻的传递函数是常数R，因此电阻也被称作比例环节。

反之，如果输入为电压$u(t)$，输出为电流$i(t)$，则描述电阻R的电压电流关系仍为式(4-20)，但此时的传递函数变为

$$G(s)=\frac{I(s)}{U(s)}=\frac{1}{R} \tag{4-22}$$

同样，如果电容以电流 $i(t)$ 作为输入，以电压 $u(t)$ 作为输出，则根据表 4-1 中序号 6 的结果，传递函数应该变为

$$G(s)=\frac{U(s)}{I(s)}=\frac{1}{Cs} \tag{4-23}$$

例 4-5 求图 4-7 所示电阻-电容回路的传递函数。设系统的输入为 $u_i(t)$，输出为 $u_o(t)$，初始状态为 0。

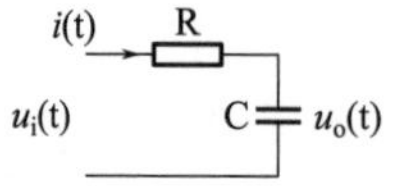

图 4-7 RC 电路

解：图 4-7 中 RC 电路的电压电流关系为

$$R\times i(t)+u_o(t)=u_i(t), i(t)=C\frac{\mathrm{d}u_o(t)}{\mathrm{d}t}$$

可得

$$RC\frac{\mathrm{d}u_o(t)}{\mathrm{d}t}+u_o(t)=u_i(t) \tag{4-24}$$

经过拉普拉斯变换得到

$$RC\times s\times U_o(s)+U_o(s)=U_i(s)$$

即

$$(RCs+1)U_o(s)=U_i(s)$$

按照题意，因为系统的输入为 $u_i(t)$，输出为 $u_o(t)$，所以传递函数为

$$G(s)=\frac{U_o(s)}{U_i(s)}=\frac{1}{RCs+1} \tag{4-25}$$

因为传递函数分母中 s 的最高次项为 1，所以该 RC 电路系统为一阶系统。

4.3.2 机械系统的传递函数

我们以刚体 m、弹簧（弹性系数 K）和阻尼器（阻尼系数 ζ）为例进行讲解。表 4-2 给出了这些机械元器件的输入输出关系，可以随时查阅使用。

表 4-2 机械系统中各元件的输入输出关系

序号	名称	公式	输入输出关系
1	力	$f(t)$	
2	位置	$x(t)$	
3	速度	$v(t)=\frac{\mathrm{d}x(t)}{\mathrm{d}t}$	$V(s)=sX(s)$
4	刚体 m	$f(t)=m\frac{\mathrm{d}^2x(t)}{\mathrm{d}t^2}$	$F(s)=ms^2X(s)$

续表

序号	名称	公式	输入输出关系
5	弹性系数 K	$f(t)=Kx(t)$或 $v(t)=\frac{1}{K}\times\frac{\mathrm{d}f(t)}{\mathrm{d}t}$	$F(s)=KX(s)$或 $V(s)=\frac{1}{K}sF(s)$
6	阻尼系数 ζ	$f(t)=\zeta\times\frac{\mathrm{d}x(t)}{\mathrm{d}t}$或 $v(t)=\frac{1}{\zeta}f(t)$	$F(s)=\zeta sX(s)$或 $V(s)=\frac{1}{\zeta}F(s)$

例 4-6 求图 4-8 所示弹簧-阻尼系统的传递函数。设系统的输入为外力$f(t)$，输出为刚体 m 的位移 $x(t)$，初始值设为 0。

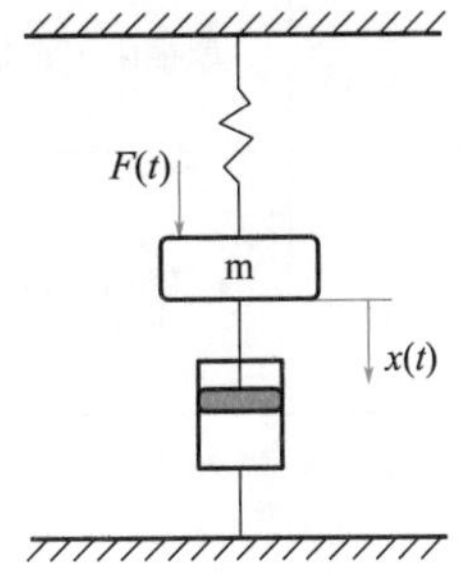

图 4-8 弹簧阻尼机械系统

解： 设 $F_1(t)$ 为弹簧的弹力，$F_2(t)$ 为阻尼器的阻尼力，这两个力的方向都与运动方向相反。根据表 4-2 所示的各机械元件的输入输出关系可得

$$F_1(t)=-Kx(t),F_2(t)=-\zeta\times\frac{\mathrm{d}x(t)}{\mathrm{d}t} \tag{4-26}$$

其中，K 为弹簧的弹性系数；ζ 为阻尼器的阻尼系数。

根据牛顿第二定律可得

$$F(t)+F_1(t)+F_2(t)=m\frac{\mathrm{d}^2x(t)}{\mathrm{d}t^2} \tag{4-27}$$

把式(4-26) 代入式(4-27)，得

$$F(t)-\zeta\times\frac{\mathrm{d}x(t)}{\mathrm{d}t}-Kx(t)=m\frac{\mathrm{d}^2x(t)}{\mathrm{d}t^2}$$

整理得

$$m\frac{\mathrm{d}^2x(t)}{\mathrm{d}t^2}+\zeta\times\frac{\mathrm{d}x(t)}{\mathrm{d}t}+Kx(t)=F(t) \tag{4-28}$$

对式(4-28) 进行拉普拉斯变换可得系统的传递函数为

$$G(s)=\frac{X(s)}{F(s)}=\frac{1}{ms^2+\zeta s+K} \tag{4-29}$$

因为传递函数分母中 s 的最高次项为 2，所以该机械系统是一个二阶系统。

4.3.3 扭摆系统的传递函数

扭摆系统也是机械系统中的一类，表 4-3 给出了扭摆系统中的各参数及其输

入输出关系，可以随时查阅使用。

表 4-3 **扭摆系统中各参数及其输入输出关系**

序号	名称	公式	输入输出关系
1	扭矩	$\tau(t)$	
2	角度	$\theta(t)$	
3	角速度	$\omega(t)=\frac{d\theta(t)}{dt}$	$\omega(s)=s\times\theta(s)$
4	扭簧系数 K	$\tau(t)=K\theta(t)$	$\tau(s)=K\theta(s)$
5	摩擦阻尼系数 B	$\tau(t)=B\frac{d\theta(t)}{dt}$或 $\tau(t)=B\omega(t)$	$\tau(s)=Bs\times\theta(s)$或 $\tau(s)=B\omega(s)$
6	转动惯量 J	$\tau(t)=J\frac{d^2\theta(t)}{dt^2}$或 $\tau(t)=J\frac{d\omega(t)}{dt}$	$\tau(s)=Js^2\times\theta(s)$或 $\tau(s)=Js\times\omega(s)$

例 4-7 求图 4-9 所示扭摆系统的传递函数。设系统的输入为作用在摆锤上的力矩 $\tau(t)$，输出量为转动角度$\theta(t)$。其中摆锤的转动惯量用 J 表示，摆锤与空气之间的摩擦阻尼系数用 B 表示，吊杆弹性作用的扭簧系数用 K 表示。

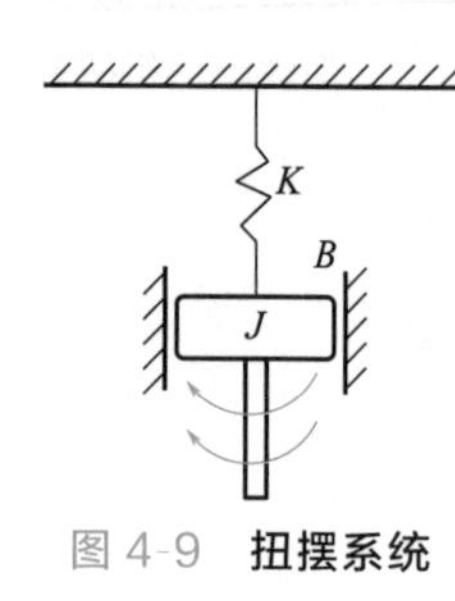

图 4-9 **扭摆系统**

解： 根据题意和表 4-3 所示的公式可得

$$J\frac{d^2\theta(t)}{dt^2}+B\frac{d\theta(t)}{dt}+K\theta(t)=\tau(t) \tag{4-30}$$

可以看出扭摆系统的数学模型是一个二阶常微分方程，其所描述的系统为一个二阶系统。

对式(4-30) 进行拉普拉斯变换可得系统的传递函数为

$$G(s)=\frac{\theta(s)}{\tau(s)}=\frac{1}{Js^2+Bs+K} \tag{4-31}$$

因为传递函数的分母中 s 的最高次项为 2，所以该系统确实是一个二阶系统。

4.4 用 Scilab 处理典型环节的传递函数

复杂的控制系统可以通过传递函数建立输出与输出的关系模型。而复杂的传递函数可以用几个基本的环节表示出来，这些就是典型环节。线性定常系统中的典型环节有比例环节、积分环节、一阶惯性环节、二阶振荡环节、微分环节和延迟环节等。

任何一个系统的传递函数都可以写成若干典型环节传递函数的乘积形式。一个简单的系统可能就是一个典型环节，而一个复杂的系统其数学模型可能包含多个典型环节。

本节我们利用 Scilab 对控制系统中的典型环节进行仿真。

（1）比例环节

比例环节的输出量与输入量成一定比例，微分方程为

$$c(t)=Kr(t) \tag{4-32}$$

式中，K 称为比例增益。

因此比例环节的传递函数为

$$G(s)=\frac{C(s)}{R(s)}=K \tag{4-33}$$

例 4-8 在单位阶跃信号 $r(t)=1(t)$ 作用下，利用 Scilab 编程求比例环节的输出响应。

解：利用 Scilab 编程求比例环节的单位阶跃响应程序如下，仿真结果如图 4-10 所示。

```
//例 4-8,比例环节的单位阶跃响应
s=%s;
t=0:0.01:3;
K=1.5;                    //比例环节的放大倍数
G=K/s^0;                  //表示成比例环节的传递函数
r=ones(t);                //做成单位阶跃的数据
sys=syslin("c",G);        //将传递函数 G 表示成线性系统
c=csim("step",t,sys);     //求系统 sys 的单位阶跃响应
clf();plot2d(t',[r',c'],rect=[0,0,3.5,2])    //绘制单位阶跃输入和比
                                               例环节的输出。
                                             //rect 中的参数是 x 轴和
                                               y 轴坐标的显示范围
                                             //分别是[Xmin,Ymin,
                                               Xmax,Ymax]
```

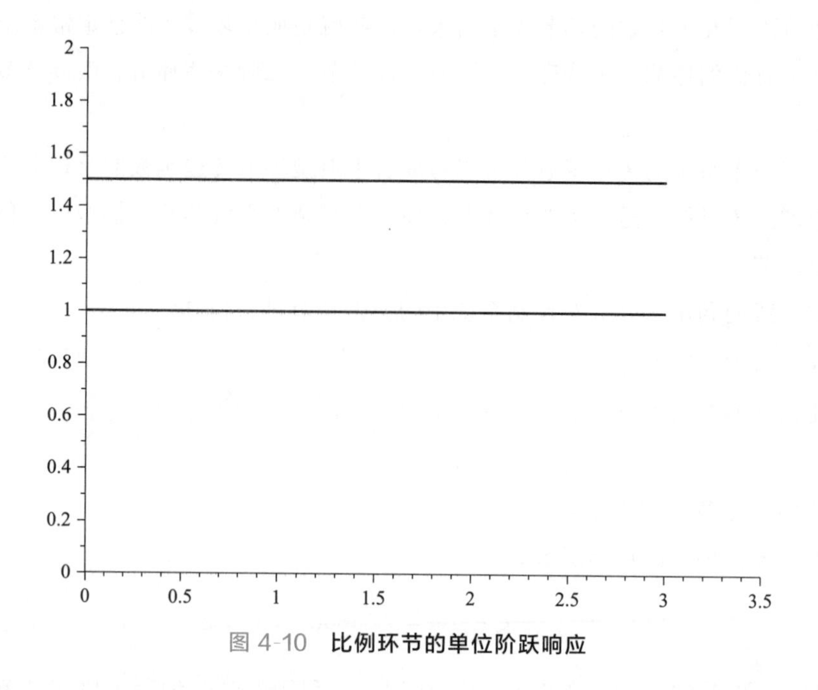

图 4-10 **比例环节的单位阶跃响应**

在程序中设置的比例环节的放大倍数 $K=1.5$，所以对于单位阶跃输入，输出的幅度为 1.5。

（2）积分环节

积分环节的输出量是输入量的积分，表示为

$$c(t)=\frac{1}{T_i}\int r(t)\mathrm{d}t \tag{4-34}$$

式中，T_i 称为积分时间常数。

因此积分环节的传递函数为

$$G(s)=\frac{C(s)}{R(s)}=\frac{1}{T_i s} \tag{4-35}$$

在单位阶跃信号 $r(t)=1(t)$ 作用下，积分环节的输出响应为

$$c(t)=\frac{t}{T_i} \tag{4-36}$$

例 4-9 在单位阶跃信号 $r(t)=1(t)$ 作用下，利用 Scilab 编程求积分环节的输出响应。

解： 利用 Scilab 编程求积分环节的单位阶跃响应程序如下，仿真结果如图 4-11 所示。

```
//例 4-9,积分环节的单位阶跃响应
s=%s;
t=0:0.05:3;
Ti1=1;              //积分环节 1 的时间常数
Ti2=0.5;            //积分环节 2 的时间常数
G1=1/(Ti1*s);       //积分环节 1 的传递函数
G2=1/(Ti2*s);       //积分环节 2 的传递函数
r=ones(t);
sys1=syslin("c",G1);
c1=csim("step",t,sys1);
sys2=syslin("c",G2);
c2=csim("step",t,sys2);
clf();plot2d(t',[r',c1',c2'],[0,-1,-4])
```

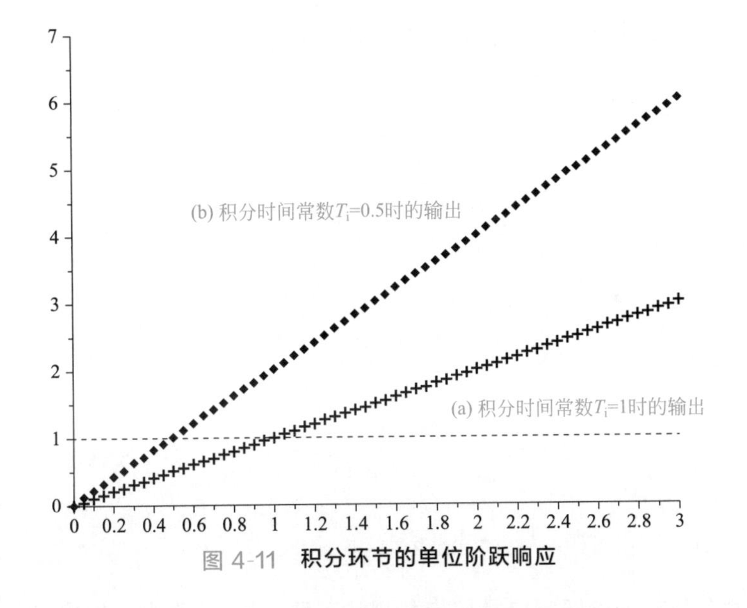

图 4-11 积分环节的单位阶跃响应

由图 4-11 可知，积分环节的输出量是随时间变化而直线上升的，这是因为输出是对单位阶跃输入的积分。而积分作用的强弱由 T_i 来决定。T_i 越小，积分环节的作用就越强。图 4-11 中曲线（b）的积分时间常数 $T_i=0.5$，就比 $T_i=1$ 的曲线（a）的积分作用强。

（3）微分环节

微分环节的输出量与输入量的导数成比例关系，其微分方程为

$$c(t)=T_{\mathrm{d}}\frac{\mathrm{d}r(t)}{\mathrm{d}t} \tag{4-37}$$

式中，T_{d} 称为微分时间常数。

因此微分环节的传递函数为

$$G(s)=T_{\mathrm{d}}s \tag{4-38}$$

实际中理想的纯微分环节难以实现，所以常采用带有惯性的微分（称其为实际微分）环节，它的传递函数为

$$G(s)=\frac{KT_{\mathrm{d}}s}{T_{\mathrm{d}}s+1} \tag{4-39}$$

其阶跃响应为

$$c(t)=K\mathrm{e}^{-\frac{t}{T_{\mathrm{d}}}} \tag{4-40}$$

例 4-10 在单位阶跃信号 $r(t)=1(t)$ 作用下，利用 Scilab 编程求实际微分环节的输出响应。

解： 利用 Scilab 编程求实际微分环节的单位阶跃响应程序如下，仿真结果如图 4 12 所示。

```
//例 4-10,实际微分环节的单位阶跃响应
s=%s;
t=0:0.01:10;
K=1.5;
Td=1;
G=(K*Td*s)/(Td*s+1);
r=ones(t);
sys=syslin("c",G);
c=csim("step",t,sys);
clf();plot2d(t',[r',c'],rect=[0,0,10,1.6])
```

实际微分环节的阶跃响应是按指数规律下降。若 K 很大，同时 T_{d} 很小时，实际微分环节接近理想微分环节。

（4）一阶惯性环节

一阶惯性环节的微分方程为

$$T\frac{\mathrm{d}c(t)}{\mathrm{d}t}+c(t)=r(t) \tag{4-41}$$

式中，T 为惯性环节的时间常数。

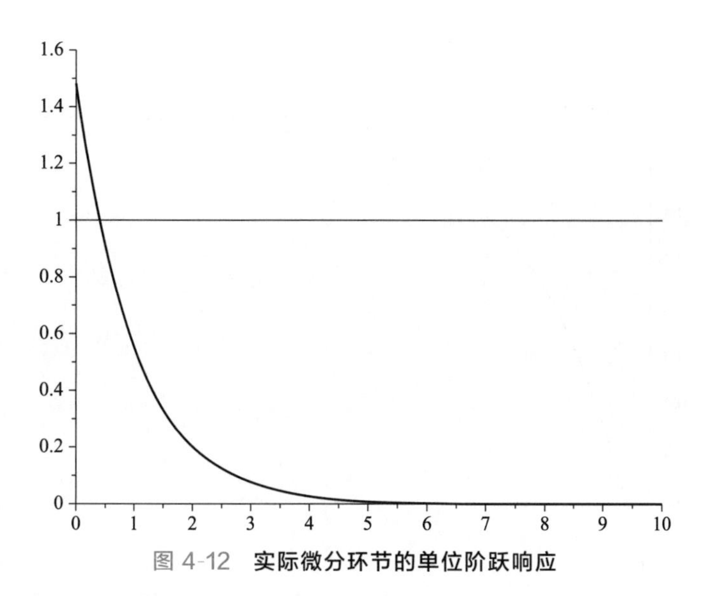

图 4-12 **实际微分环节的单位阶跃响应**

因此一阶惯性环节的传递函数为

$$G(s)=\frac{C(s)}{R(s)}=\frac{1}{Ts+1} \tag{4-42}$$

在单位阶跃信号 $r(t)=1(t)$ 作用下，惯性环节的输出响应为

$$c(t)=K(1-\mathrm{e}^{-\frac{t}{T}}) \tag{4-43}$$

例 4-11 在单位阶跃信号 $r(t)=1(t)$ 作用下，利用 Scilab 编程求一阶惯性环节的输出响应。

解： 利用 Scilab 编程求一阶惯性环节的单位阶跃响应程序如下，仿真结果如图 4-13 所示。

```
//例 4-11,一阶惯性环节的单位阶跃响应
s=%s;
t=0:0.01:3;
T=0.5;          //改变该参数值,可以观察时间常数对曲线的影响
G=1/(T*s+1);
r=ones(t);
sys=syslin("c",G);
c=csim("step",t,sys);
clf();plot2d(t',[r',c'])
```

一阶惯性环节的单位阶跃响应曲线是一条按指数规律单调上升的曲线，是一

个非周期过程。

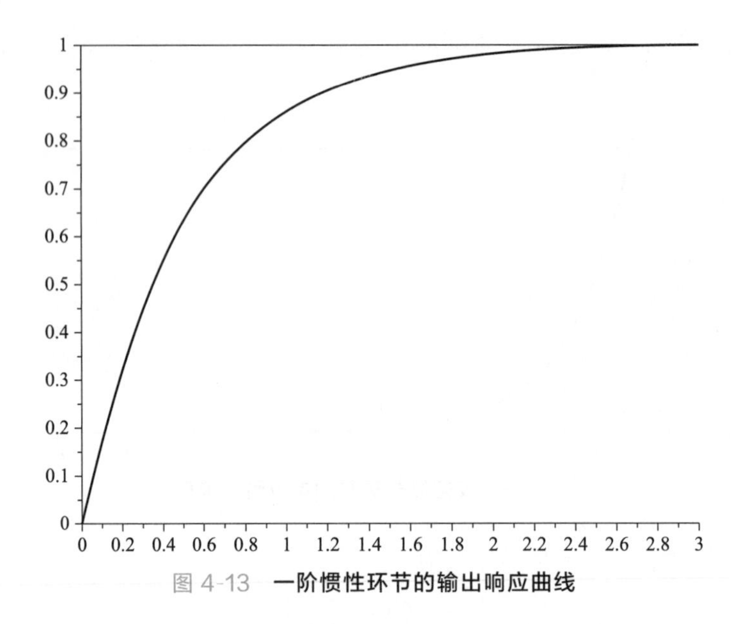

图 4-13 **一阶惯性环节的输出响应曲线**

（5）二阶振荡环节

二阶环节的微分方程为

$$T^2 \frac{\mathrm{d}^2 c(t)}{\mathrm{d}t^2}+2\xi T \frac{\mathrm{d}c(t)}{\mathrm{d}t}+c(t)=r(t) \tag{4-44}$$

式中，ξ 为阻尼系数或阻尼比，T 为时间常数。

所以二阶环节的传递函数为

$$G(s)=\frac{1}{T^2 s^2+2\xi Ts+1} \tag{4-45}$$

令无阻尼振荡频率 $\omega_n=\frac{1}{T}$，可将式(4-45) 改写成

$$G(s)=\frac{\omega_n^2}{s^2+2\xi\omega_n s+\omega_n^2} \tag{4-46}$$

我们将在第 5 章详细分析二阶振荡环节的特性。在此先不加证明地给出如下结论：当阻尼系数 $0<\xi<1$ 时，为欠阻尼状态，二阶系统的阶跃响应输出存在振荡，呈现为衰减振荡曲线；当 $\xi=0$ 时为无阻尼状态，阶跃响应输出曲线为无衰减振荡；当 $\xi\geqslant 1$ 时阶跃响应的输出曲线无振荡，是单调曲线。

例 4-12 在单位阶跃信号 $r(t)=1(t)$ 作用下，利用 Scilab 编程求二阶系统存在振荡时的输出响应。

解： 利用 Scilab 编程求二阶振荡环节的单位阶跃响应程序如下，仿真结果如图 4-14 所示。

```
//例 4-12,二阶振荡环节的单位阶跃响应
s=%s;
t=0:0.01:15;
omegaN=3;
x=omegaN^2;
zeta=0.3;     //阻尼系数,该值小于 1 时是欠阻尼状态,才能产生振荡
G=x/(s^2+2*zeta*omegaN*s+x)
r=ones(t);
sys=syslin("c",G);
c=csim("step",t,sys);
clf();plot2d(t,[r',c'])
```

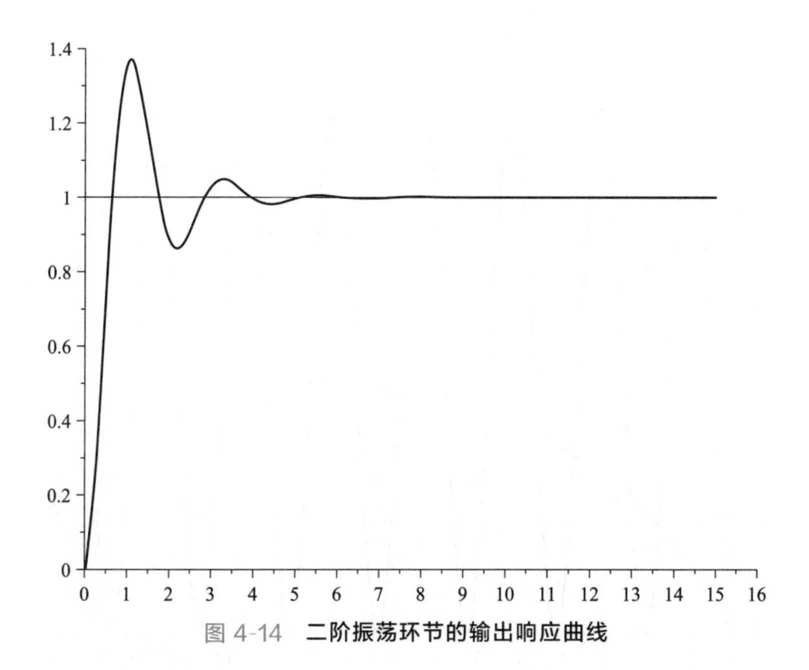

图 4-14 **二阶振荡环节的输出响应曲线**

例 4-13 在单位阶跃信号 $r(t)=1(t)$ 作用下，利用 Scilab 编程求二阶系统在无阻尼和过阻尼状态下的输出响应。

解： 利用 Scilab 编程求二阶环节在无阻尼和过阻尼状态下的单位阶跃响应程序如下，仿真结果如图 4-15 所示。

```
//例 4-13,二阶系统在不同阻尼比下的单位阶跃响应
s=%s;
t=0:0.01:15;
omegaN=3;
x=omegaN^2;
zeta1=5;        //系统 1,阻尼比大于 1,过阻尼
zeta2=0;        //系统 2,阻尼比等于 0,无阻尼
G1=x/(s^2+2*zeta1*omegaN*s+x);
G2=x/(s^2+2*zeta2*omegaN*s+x);
r=ones(t);
sys1=syslin("c",G1);
sys2=syslin("c",G2);
c1=csim("step",t,sys1);
c2=csim("step",t,sys2);
clf();plot2d(t,[r',c1',c2'])
```

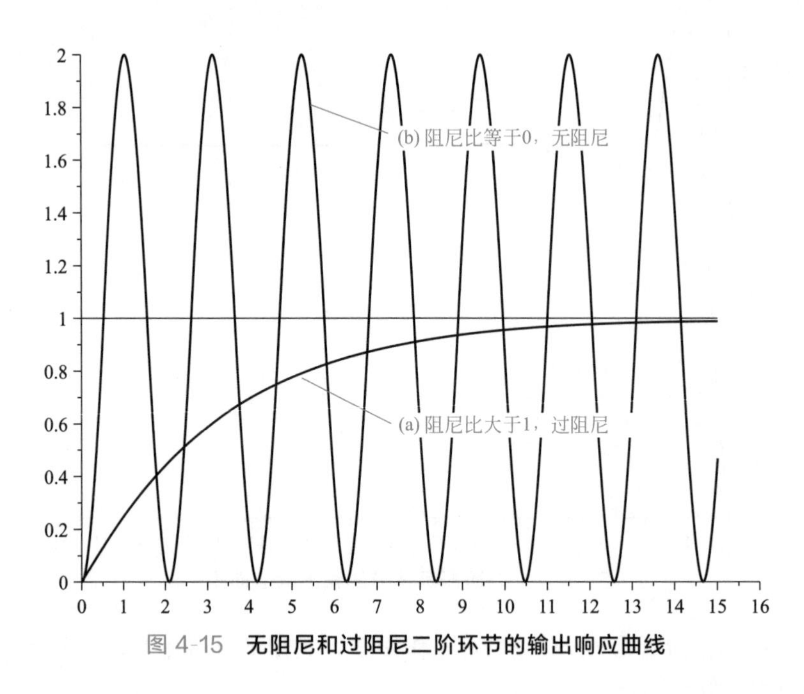

图 4-15 **无阻尼和过阻尼二阶环节的输出响应曲线**

由例 4-13 的程序和图 4-15 可知，当阻尼系数 $\xi=0$ 时为无阻尼状态，阶跃响应的输出曲线为无衰减地振荡过程。而当 $\xi>1$ 时为过阻尼（即阻尼系数较大的意思）状态，阶跃响应的输出曲线不存在振荡，是单调上升到输入值 $r(t)=1(t)$ 的曲线。

4.5 本章小结

本章介绍了控制系统在复数域 s 中的数学模型，即传递函数。定义传递函数常用以下三种方法：

① 如果已知传递函数的分子和分母多项式，可以参考例 4-1 到例 4-4 来定义传递函数。

② 如果已知传递函数的零极点，可以参考第 2.6 节中定义多项式的方法 3 来求取传递函数。

③ 如果已知系统的状态方程而希望求取系统的传递函数，可以参考第 7 章的例 7-2。

本章学习的内容包括：

① 利用 Scilab 求取串联、并联、反馈三种基本连接方式的传递函数。

② 电气、机械和扭摆系统传递函数的求法。

③ 比例、积分、微分、一阶惯性、二阶振荡环节的传递函数计算和图形的绘制。

本章练习

1. 已知 $G_1(s)=\dfrac{5}{s+2}$，$G_2(s)=\dfrac{2s}{s+3}$，

(1) 编程求 $G_1(s)$ 和 $G_2(s)$ 串联后总的传递函数 $G(s)$。

(2) 编程求 $G_1(s)$ 和 $G_2(s)$ 并联后总的传递函数 $G(s)$。

(参考第 4.2 节)

2. 已知 $G(s)=\dfrac{5}{s+2}$，$H(s)=\dfrac{2s}{s+3}$，编程求 $G(s)$ 和 $H(s)$ 形成如图 4-16 所示负反馈结构后总的传递函数 $\Phi(s)$。(参考第 4.2 节)

3. 求图 4-17 所示电阻-电容回路的传递函数。设系统的输入为 $u_i(t)$，输出为 $u_o(t)$，初始状态为 0。参考第 4.3.1 节。

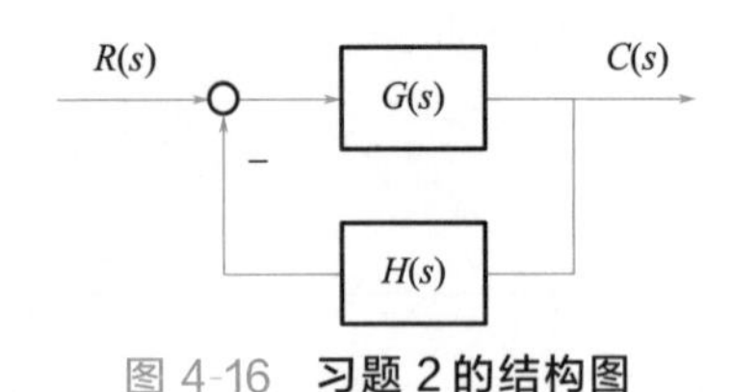

图 4-16 **习题 2 的结构图**

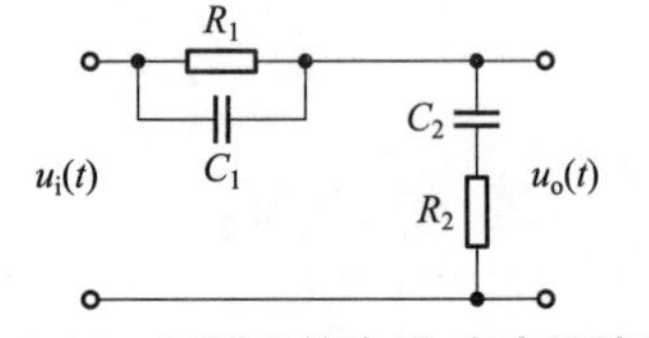

图 4-17 **习题 3 的电阻-电容回路图**

4. 设机械系统如图 4-18 所示，其中 K_1 和 K_2 是两个弹簧各自的弹性系数，f 是阻尼器的阻尼系数，x_i 是输入位移，x_0 是输出位移。求系统的传递函数。（参考第 4.3.2 节）

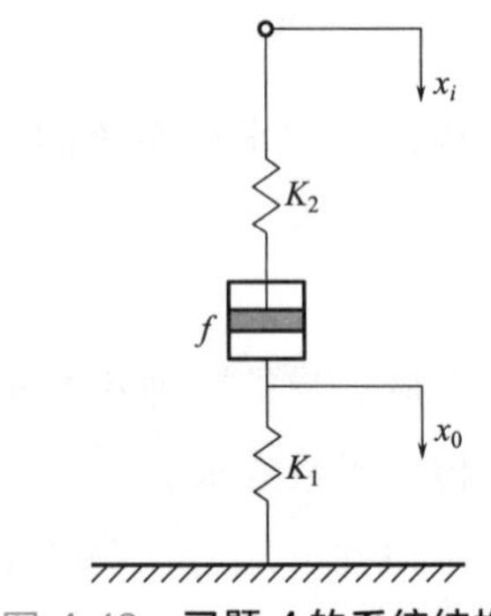

图 4-18 **习题 4 的系统结构图**

5. 在单位阶跃信号 $r(t)=1(t)$ 作用下，利用 Scilab 编程求比例环节 K=1.2，积分环节 $G(s)=\frac{1}{s}$ 和 $G(s)=\frac{2}{s}$，实际微分环节 $G(s)=\frac{3s}{2s+1}$，一阶惯性环节 $G(s)=\frac{1}{2s+1}$ 的输出响应并绘制各自的输出曲线。（参考第 4.4 节）

6. 在单位阶跃信号 $r(t)=1(t)$ 作用下，利用 Scilab 编程求二阶系统 $G(s)=\frac{\omega_n^2}{s^2+2\xi\omega_n s+\omega_n^2}$ 的输出响应并绘制输出曲线。其中，$\omega_n=3$，阻尼系数 ξ 分别为 0、0.2、0.7、1、1.2。（参考第 4.4 节）

随手记

第 5 章 Scilab中控制系统的时域分析

对控制系统的分析可以在时域或频域中进行。时域响应是控制系统分析的一大利器，相比于频域分析，直观性是时域分析最大的优势。本章就对控制系统的时域响应进行分析，力求让读者能够在实际分析中应用这种方法，并且能在 Scilab 中通过程序来分析系统零极点对系统稳定性的影响。

5.1 用 Scilab 分析控制系统的时域响应

如图 5-1 所示，在第 4 章刚刚讲到二阶系统随着阻尼系数的不同会出现几种不同的阶跃响应输出曲线。

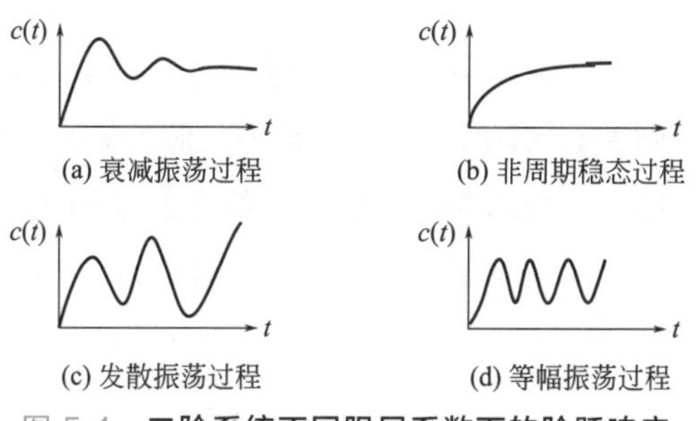

图 5-1　二阶系统不同阻尼系数下的阶跃响应

时间 t 在零时刻时，系统处于过渡状态，时域响应曲线表现了系统的动态性能。经过一段时间后，如图 5-1(a) 和图 5-1(b) 所示，有的系统的输出如果能够逐渐趋于稳定，系统就进入了稳定状态。也有系统会表现为发散［不稳定，如图 5-1(c)］和等幅振荡过程［图 5-1(d)］。

由此可见，虽然给不同的系统输入了同一种阶跃信号，但是在时域上可以很方便地观察到输出 $c(t)$ 有着很大的不同。在控制领域中我们经常使用的输入信号是脉冲输入信号和阶跃输入信号。

向系统中加入脉冲输入后得到的输出响应称为脉冲响应。由第 3 章的表 3-1 可知，单位脉冲函数 $\delta(t)$ 的拉普拉斯变换为 1。所以当给系统输入 $r(t)=\delta(t)$ 时，有 $R(s)=1$。因此系统的脉冲响应为

$$C(s)=G(s)R(s)=G(s)\times 1=G(s) \tag{5-1}$$

对式(5-1) 进行拉普拉斯反变换可得

$$c(t)=\mathcal{L}^{-1}\{G(s)\} \tag{5-2}$$

从式(5-2) 能够看出，如果给一个系统输入脉冲信号，则系统的输出就是系统传递函数的拉普拉斯反变换。因为系统的传递函数反映的是系统本身的特性，所以脉冲响应曲线也直接反映了系统本身的性质。

向系统输入阶跃函数得到的输出称为阶跃响应。查阅表 3-1 可知单位阶跃函数的拉普拉斯变换为 $R(s)=\frac{1}{s}$，所以系统的单位阶跃响应为

$$C(s)=G(s)R(s)=\frac{G(s)}{s} \tag{5-3}$$

对式(5-3) 求拉普拉斯反变换即可得到时域的阶跃响应 $c(t)$。

5.1.1 一阶系统的响应

我们仍以第 4 章的例 4-5 为例，求一阶惯性系统的脉冲响应和阶跃响应。

例 5-1 求例 4-5 所示系统的脉冲响应和阶跃响应。

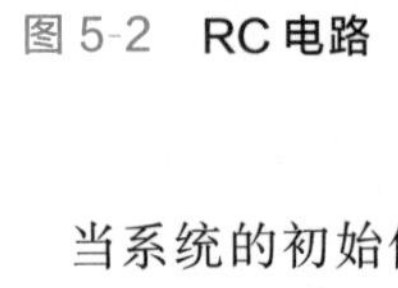

解： 在此将例 4-5 中的系统重新绘制为图 5-2。

图 5-2 RC 电路

系统的输入为 $u_i(t)$，输出为 $u_o(t)$，所以传递函数为

$$G(s)=\frac{U_o(s)}{U_i(s)}=\frac{1}{RCs+1} \tag{5-4}$$

当系统的初始值为 0 时，通过查表 3-1 可得系统的

脉冲响应：$C(s)=G(s)R(s)=\frac{1}{RCs+1}\times 1\Rightarrow c(t)=\frac{1}{RC}e^{-\frac{1}{RC}t}$ (5-5)

阶跃响应：$C(s)=G(s)R(s)=\dfrac{1}{RCs+1}\times\dfrac{1}{s}\Rightarrow c(t)=1-\mathrm{e}^{-\frac{1}{RC}t}$ (5-6)

用 Scilab 编程绘制系统的脉冲响应和阶跃响应，结果如图 5-3 所示。

```
//例 5-1,绘制系统的脉冲响应和阶跃响应
c=1;r=0.8;rc=r*c;           //给出 R 和 C 的值
t=0:0.1:5;
yi=(1/rc)*exp(-t/rc);  //脉冲响应
ys=1-exp(-t/rc);          //阶跃响应
clf();plot2d(t',[yi',ys'],[-1,-3])
```

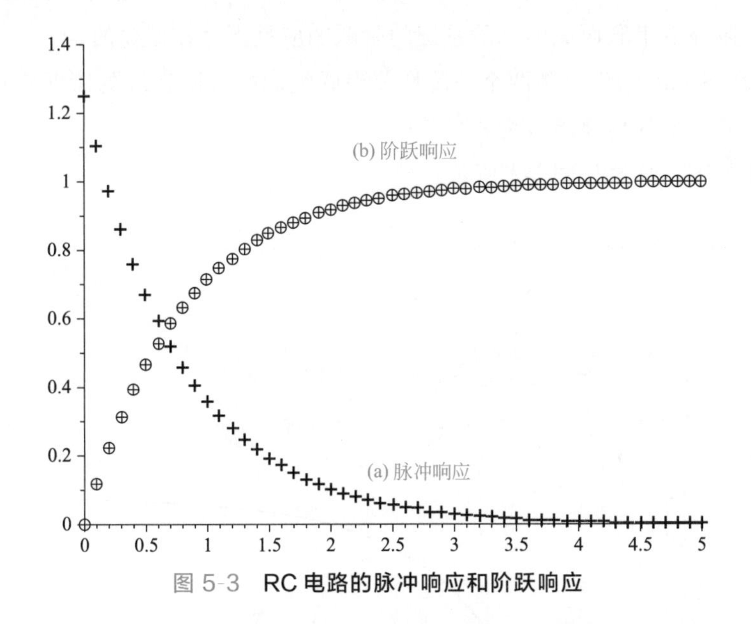

图 5-3 RC 电路的脉冲响应和阶跃响应

5.1.2 二阶系统的响应

二阶系统可以分为两种形式：一种是由两个一阶环节串联而成，另一种是具有振荡特性的二阶环节。

（1）两个一阶环节串联组成的二阶系统

由两个一阶环节串联而成的二阶系统的传递函数为

$$G(s)=\frac{K}{(1+T_1 s)(1+T_2 s)} \tag{5-7}$$

当输入为单位阶跃时，按照 3.2.2 节介绍的部分分式展开求留数的方法，可以得到

$$C(s)=\frac{K}{(1+T_1 s)(1+T_2 s)}\times\frac{1}{s}=\frac{c_1}{s}+\frac{c_2}{1+T_1 s}+\frac{c_3}{1+T_2 s} \tag{5-8}$$

式中，系数 c_1、c_2、c_3 可以通过式(3-18) 或式(3-24) 求取。

对式(5-8) 进行拉普拉斯反变换可得

$$c(t)=K\times 1(t)-\frac{K}{T_1-T_2}\left(T_1\,\mathrm{e}^{-\frac{1}{T_1}t}-T_2\,\mathrm{e}^{-\frac{1}{T_2}t}\right) \tag{5-9}$$

当 $t=0$ 时，$c(0)=0$；当 $t\to\infty$时，$c(\infty)=K$。而且由于式(5-9) 中各项要么是常数 K，要么就是按照指数形式衰减，所以不存在振荡的可能性。因此，由两个一阶环节串联而成的二阶系统的阶跃响应是不存在振荡的。

例 5-2 用 Scilab 编程绘制两个一阶环节串联组成的二阶系统的阶跃响应输出曲线。设二阶系统的传递函数为式(5-7)。

解：程序如下，结果如图 5-4 所示。

```
//例 5-2,两个一阶环节串联组成的二阶系统
k=1;t1=0.8;t2=1.2;
t=0:0.1:10;
y=k-(k/(t1-t2))*(t1*exp(-t/t1)-t2*exp(-t/t2));
clf();plot2d(t,y)
```

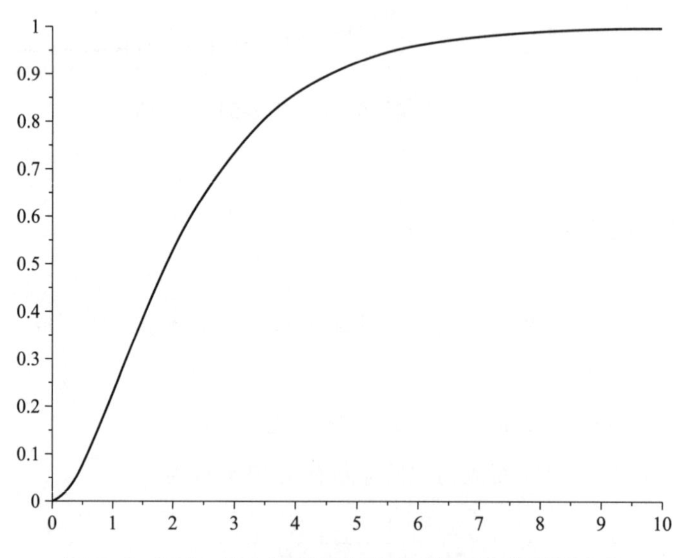

图 5-4 两个一节环节串联组成的二阶系统的阶跃响应

（2）二阶振荡系统

刚刚看到，由两个一节环节串联后形成的二阶系统无法产生振荡。下面我们研究不可分解为两个一阶环节串联的、并且能够产生振荡的二阶系统，它的传递函数是

$$G(s)=\frac{\omega_n^2}{s^2+2\xi\omega_n s+\omega_n^2} \tag{5-10}$$

式中，ξ 是系统的阻尼系数（阻尼比），ω_n 是系统的无阻尼振荡频率。

典型二阶振荡系统的阶跃响应如图 5-5 所示，图中各参数的意义如下：

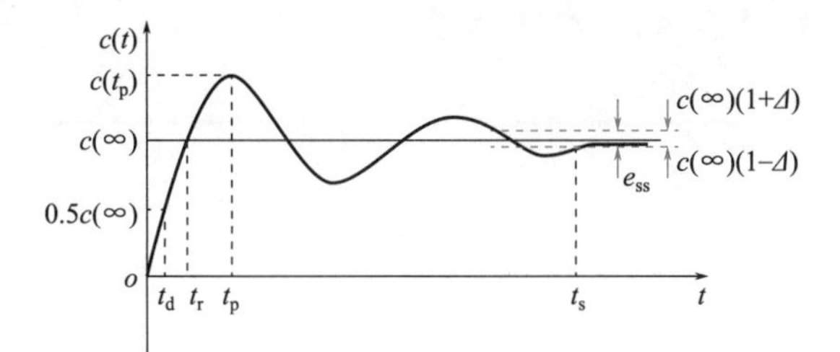

图 5-5 二阶振荡环节的阶跃响应

① 延迟时间 t_d：从零时刻开始首次到达稳态值 $c(\infty)$ 一半所需的时间。

② 上升时间 t_r：从零时刻开始首次到达稳态值的时间。

③ 峰值时间 t_p：从零时刻开始到达第一个峰值所需的时间。

④ 最大超调量 $\delta\%$：指系统响应曲线的最大峰值 $c(t_p)$ 与稳态值求差之后再除以稳态值的百分数，即

$$\delta\%=\frac{c(t_p)-c(\infty)}{c(\infty)}\times 100\% \tag{5-11}$$

⑤ 调节时间 t_s：指响应应达到并保持在终值范围误差带内不再超出的最小时间。这个误差带范围通常设为±2%或±5%。

⑥ 振幅衰减比：响应曲线为振荡时的前两个超调量之比。

⑦ 振荡次数 N：在到达调整时间 t_s 之前响应曲线振荡的次数。

式(5-10) 所示二阶系统的特征方程为

$$s^2+2\xi\omega_n s+\omega_n^2=0 \tag{5-12}$$

其特征根（闭环极点）为

$$s_{1,2}=-\xi\omega_n\pm\omega_n\sqrt{\xi^2-1} \tag{5-13}$$

由式(5-13) 可以看出阻尼系数 ξ 的取值直接影响了系统特征根的性质，如表 5-1 所示。ξ 的取值在不同情况下的特征根分布和系统的阶跃响应曲线分别如

图 5-6 和图 5-7 所示。

表 5-1 阻尼系数 ξ 与特征根（闭环极点）的关系

阻尼系数	特征根(闭环极点)	系统的状态
$\xi=0$	图 5-6(a)，一对纯虚根 $s_{1,2}=\pm j\omega_n$	图 5-7(a)，无阻尼状态
$0<\xi<1$	图 5-6(b)，一对具有负实部的共轭复根 $s_{1,2}=-\xi\omega_n\pm j\omega_n\sqrt{1-\xi^2}$	图 5-7(b)，欠阻尼状态
$\xi=1$	图 5-6(c)，两个相等的负实根 $s_{1,2}=-\xi\omega_n$	图 5-7(c)，临界阻尼状态
$\xi>1$	图 5-6(d)，两个不等的负实根 $s_{1,2}=-\xi\omega_n\pm\omega_n\sqrt{\xi^2-1}$	图 5-7(d)，过阻尼状态

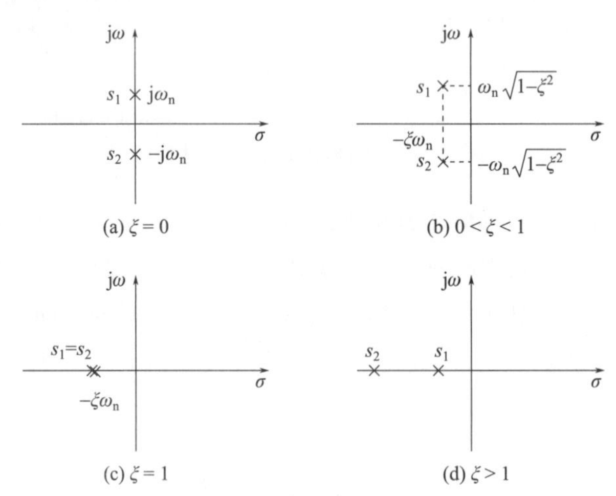

图 5-6 阻尼系数对二阶系统特征根（闭环极点）的影响

说明

对比图 5-6 和图 5-7 可以看出，系统的特征根 $s_{1,2}=-\xi\omega_n\pm\omega_n\sqrt{\xi^2-1}$ 直接反映了系统的性质。对于阶跃输入，当特征根的实部为零时将不产生衰减，但只要特征根的实部为负就会产生衰减（特征根为正时系统将会不稳定）。而特征根的虚部为零时将不产生振荡，但只要特征根的虚部不为零时就会产生振荡（虚部数值的大小对应的就是振荡频率）。

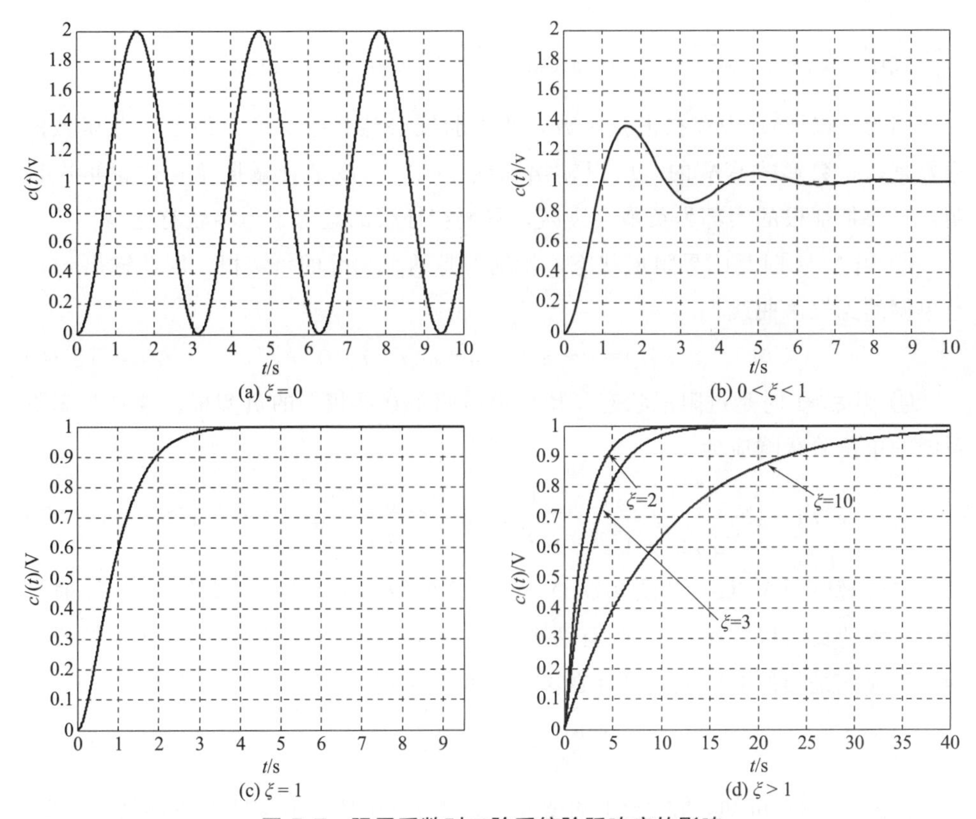

图 5-7 **阻尼系数对二阶系统阶跃响应的影响**

因此特征根的实部决定了二阶系统的阶跃响应是否衰减以及衰减的快慢，虚部决定了是否振荡以及振荡的频率。所以如果希望系统产生衰减振荡，阻尼系数就应该是 $0<\xi<1$，即系统的特征根的实部为负，虚部不为零。

下面给出不同阻尼系数下的二阶系统的阶跃响应公式并利用 Scilab 编程绘制输出曲线。

① $\xi=0$ 时是无阻尼状态，特征根是共轭的纯虚根。这种状态下系统的单位阶跃响应为

$$c(t)=1-\cos(\omega_n t), t\geqslant 0 \tag{5-14}$$

可见这是一条不衰减的振荡曲线。具体的推导过程请参考书后参考文献提供的自动控制原理教材。

② 当 $0<\xi<1$ 时是欠阻尼状态，特征根是具有负实部的共轭复根。这种状态下系统的单位阶跃响应为

$$c(t)=1-\frac{1}{\sqrt{1-\xi^2}}\mathrm{e}^{-\xi\omega_n t}\sin(\omega_\mathrm{d} t+\beta), t\geqslant 0 \tag{5-15}$$

式中，$\omega_d=\omega_n\sqrt{1-\xi^2}$，$\beta=\arctan\dfrac{\sqrt{1-\xi^2}}{\xi}$或$\beta=\arccos\xi$。

因为式(5-15) 中存在正弦函数，所以曲线必然是振荡的。但是正弦函数的振幅是以指数形式衰减的，所以输出曲线 $c(t)$ 应该是衰减振荡。这也再次说明：只要特征根的实部为负就会衰减，只要特征根的虚部不为零就有振荡。

③ 当 $\xi=1$ 时是临界阻尼状态，特征根是两个相等的负实根。因此输出 $c(t)$ 是单调的无振荡曲线。

$$c(t)=1-e^{-\omega_n t}(1+\omega_n t),t\geqslant 0 \tag{5-16}$$

④ 当 $\xi>1$ 时是过阻尼状态，特征根是两个互不相等的负实根。这种状态下系统的单位阶跃响应为

$$c(t)=1-\frac{1}{2\sqrt{\xi^2-1}}\left[\frac{1}{\xi-\sqrt{\xi^2-1}}e^{s_1 t}-\frac{1}{\xi+\sqrt{\xi^2-1}}e^{s_2 t}\right],t\geqslant 0 \tag{5-17}$$

单纯观察图 5-7(c) 和图 5-7(d)，会发现曲线非常相似。这是因为 $\xi=1$ 时有两个相等的负实根，而 $\xi>1$ 时有两个互不相等的负实根。因此，这两种情况下的本质应该是相似的，但还是存在不同。我们对式(5-16) 求导，得到

$$\frac{dc(t)}{dt}=e^{-\omega_n t}\omega_n^2 t \tag{5-18}$$

由式(5-18) 可知，在 $\xi=1$ 的情况下，当 $t=0$ 时，响应过程的变化律为零；当 $t>0$ 时，响应过程的变化率为正；当 $t\to\infty$时，响应过程的变化率趋于零。式(5-16) 显示此状态下系统的输出稳态值为 1，不存在稳态误差。

请读者对式(5-17) 求导并与式(5-18) 对比来分析当 $\xi>1$ 时输出曲线的变化情况。

例 5-3 编程绘制阻尼系数 ξ 在不同取值时的阶跃响应输出曲线。

解： 由前面的分析可知，根据阻尼系数的不同，系统的特征根 $s_{1,2}=-\xi\omega_n\pm\omega_n\sqrt{\xi^2-1}$取值也将不同，并决定了系统的阶跃响应的性质。因此，可以将求特征根的过程单独编成一个函数，方便今后随时调用。

```
//例 5-3,绘制二阶系统在不同特征根时的单位阶跃响应
//
//以下为自定义函数 secondtrans,功能:给定阻尼系数 zeta 后求传递函数
function [sys]=secondtrans(zeta)
s=%s;
omg=3;     //无阻尼振荡频率
```

```
G=omg^2/(s^2+2*zeta*omg*s+omg^2);  //式(5-10),二阶系统的传递函数
sys=syslin('c',G);
endfunction
//
//以下为主函数
t=0:0.1:10;
y1=csim('step',t,secondtrans(0));    //无阻尼状态
y2=csim('step',t,secondtrans(0.3));  //欠阻尼状态
y3=csim('step',t,secondtrans(1.0));  //临界阻尼状态
y4=csim('step',t,secondtrans(2.5));  //过阻尼状态
clf();plot2d(t',[y1',y2',y3',y4'])
```

程序执行后的曲线如图 5-8 所示。

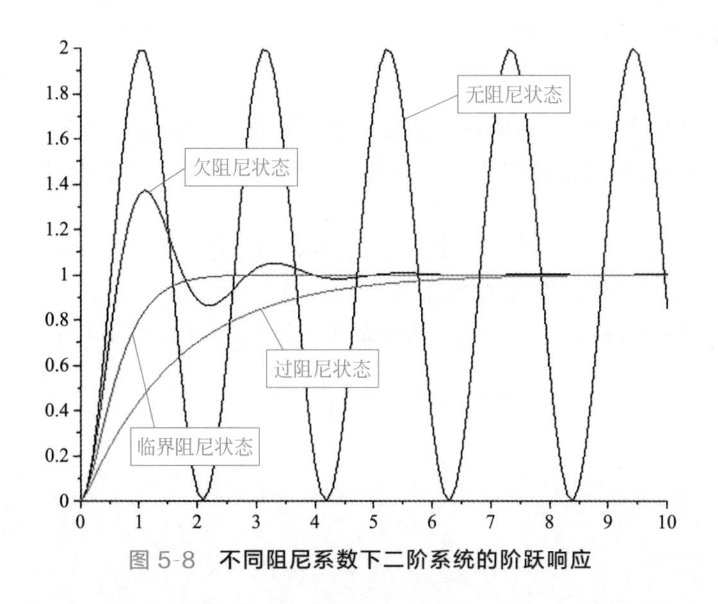

图 5-8 **不同阻尼系数下二阶系统的阶跃响应**

读者可以尝试其他不同的阻尼系数并观察系统的阶跃响应，进而分析二阶系统在不同参数下的性能。

5.2 用 Scilab 分析极点和零点对系统性能的影响

传递函数的一般形式为

$$G(s)=\frac{C(s)}{R(s)}=\frac{b_m s^m+\cdots+b_1 s+b_0}{s^n+a_{n-1}s^{n-1}+\cdots+a_1 s+a_0}, n\geqslant m \tag{5-19}$$

传递函数中分子多项式 $N(s)=0$ 的根 $s=z_i(i=1,2,\cdots,m)$ 被称为系统的零点。传递函数中分母多项式 $D(s)=0$ 的根 $s=p_i(i=1,2,\cdots,n)$ 被称为极点，也就是系统的特征根。极点和零点都可以是实数或者复数。因此传递函数式(5-19) 可变为

$$G(s)=\frac{K(s-z_1)(s-z_2)\cdots(s-z_m)}{(s-p_1)(s-p_2)\cdots(s-p_n)}=K\frac{\prod_{j=1}^{m}(s-z_j)}{\prod_{i=1}^{n}(s-p_i)}=\frac{N(s)}{D(s)} \tag{5-20}$$

其中，K 是常数，被称为增益。

系统若要稳定，所有的极点（即系统的特征根）必须要有负实部。因此极点的位置将影响系统的稳定性。而零点主要影响的是系统的动态过程。

5.2.1 极点对系统性能的影响

我们通过几个例题来说明极点变化时对系统性能的影响。

例 5-4 已知系统的零点和极点，求系统的阶跃响应。设系统的传递函数为

$$G(s)=\frac{10(s+1)}{(s+1-j2)(s+1+j2)} \tag{5-21}$$

解： 由式(5-21) 可知，系统的增益 $K=10$，有一个零点 $z_1=-1$，两个极点分别为 $p_1=-1+j2$，$p_2=-1-j2$。程序如下，运行结果如图 5-9 所示。

```
//例 5-4,已知零极点求系统的阶跃响应
s=%s;
K=10;
z1=-1;
p1=-1+2*%i;
p2=-1-2*%i;
N=K*(s-z1);                //传递函数的分子多项式
D=poly([p1,p2],"s");       //传递函数的分母多项式
G=N/D;                     //传递函数的表达式形式
sys=syslin("c",G);         //实际的线性系统的传递函数
t=0:0.1:10;
y=csim('step',t,sys);  //求系统的阶跃响应
clf();plot2d(t,y)
```

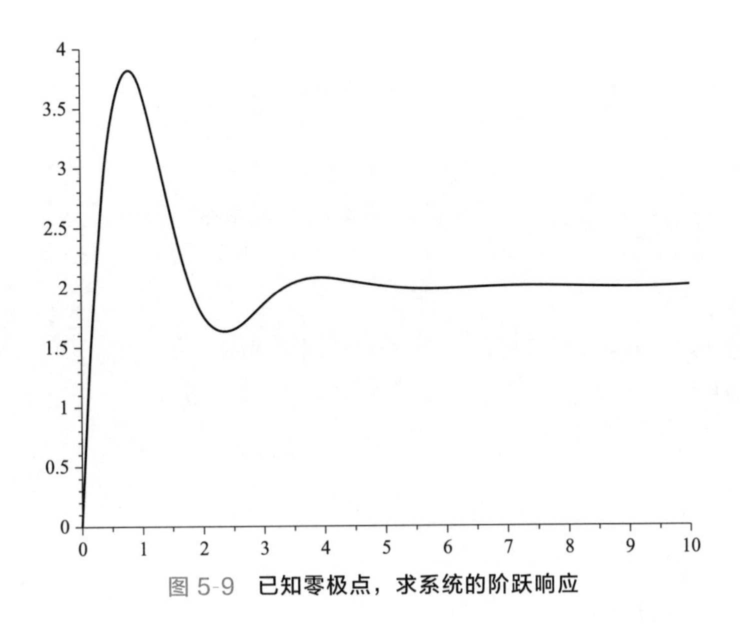

图 5-9 已知零极点，求系统的阶跃响应

为了发现极点对系统阶跃响应动态过程的影响，我们在式(5-21)的基础上做一些变化。

(1) 特征根的实部发生变化时

将式(5-21)中的两个极点 $p_1=-1+\mathrm{j}2$ 和 $p_2=-1-\mathrm{j}2$ 的负实部变为 -2，即新系统的极点分别为 $p_1=-2+\mathrm{j}2$，$p_2=-2-\mathrm{j}2$。此时新系统的传递函数为

$$G(s)=\frac{10(s+1)}{(s+2-\mathrm{j}2)(s+2+\mathrm{j}2)} \tag{5-22}$$

例 5-5 已知原系统和新系统的传递函数分别为式(5-21)和式(5-22)，求这两个系统的阶跃响应。

解： 参考例5-4的程序，本例的程序如下，执行结果如图5-10所示。

```
//例 5-5,极点的实部变化对系统阶跃响应动态性能的影响
s=%s;
K=10;
z1=-1;
p11=-1+2*%i;p12=-1-2*%i;
p21=-2+2*%i;p22= -2-2*%i;
N=K*(s-z1);                //传递函数的分子多项式
//
D1= poly([p11,p12],"s");   //原传递函数的分母多项式
```

```
G1=N/D1;                         //原传递函数的表达式形式
sys1=syslin("c",G1);             //原线性系统的传递函数
D2=poly([p21,p22],"s");          //新传递函数的分母多项式
G2=N/D2;                         //新传递函数的表达式形式
sys2=syslin("c",G2);             //新线性系统的传递函数
//
t=0:0.1:10;
y1=csim('step',t,sys1);          //求原系统的阶跃响应
y2=csim('step',t,sys2);          //求新系统的阶跃响应
clf();plot2d(t',[y1',y2'],[1,-1])
```

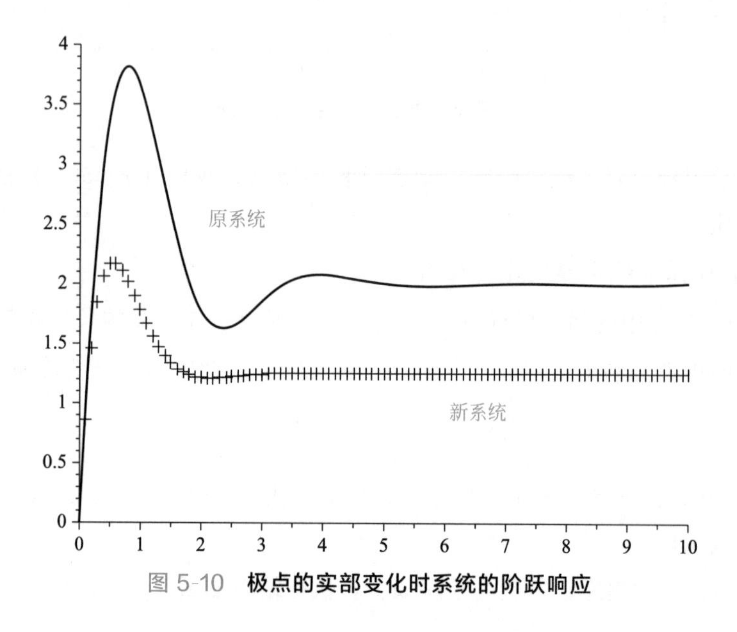

图 5-10 **极点的实部变化时系统的阶跃响应**

可见，当极点的负实部远离虚轴时，即实部的绝对值变大时，系统阶跃响应的调整时间和过渡过程将变短。

（2）特征根的虚部发生变化时

将式(5-21) 中的两个极点 $p_1=-1+\mathrm{j}2$ 和 $p_2=-1-\mathrm{j}2$ 的虚部变为 $\pm\mathrm{j}4$，即新系统的极点分别为 $p_1=-1+\mathrm{j}4$，$p_2=-1-\mathrm{j}4$。此时新系统的传递函数为

$$G(s)=\frac{10(s+1)}{(s+1-\mathrm{j}4)(s+1+\mathrm{j}4)} \tag{5-23}$$

例 5-6 已知原系统和新系统的传递函数分别为式(5-21) 和式(5-23)，求这两个系统的阶跃响应。

解： 参考例 5-4 的程序，本例的程序如下，运行结果如图 5-11 所示。

```
//例 5-6,极点的虚部变化对系统阶跃响应动态性能的影响
s=%s;
K=10;
z1=-1;
p11=-1+2*%i;p12=-1-2*%i;
p21=-1+4*%i;p22=-1-4*%i;
//
N=K*(s-z1);                     //传递函数的分子多项式
D1=poly([p11,p12],"s");         //原传递函数的分母多项式
G1=N/D1;                        //原传递函数的表达式形式
sys1=syslin("c",G1);            //原线性系统的传递函数
D2=poly([p21,p22],"s");         //新传递函数的分母多项式
G2=N/D2;                        //新传递函数的表达式形式
sys2=syslin("c",G2);            //新线性系统的传递函数
//
t=0:0.1:10;
y1=csim('step',t,sys1);         //求原系统的阶跃响应
y2=csim('step',t,sys2);         //求新系统的阶跃响应
clf();plot2d(t',[y1',y2'],[1,-1])
```

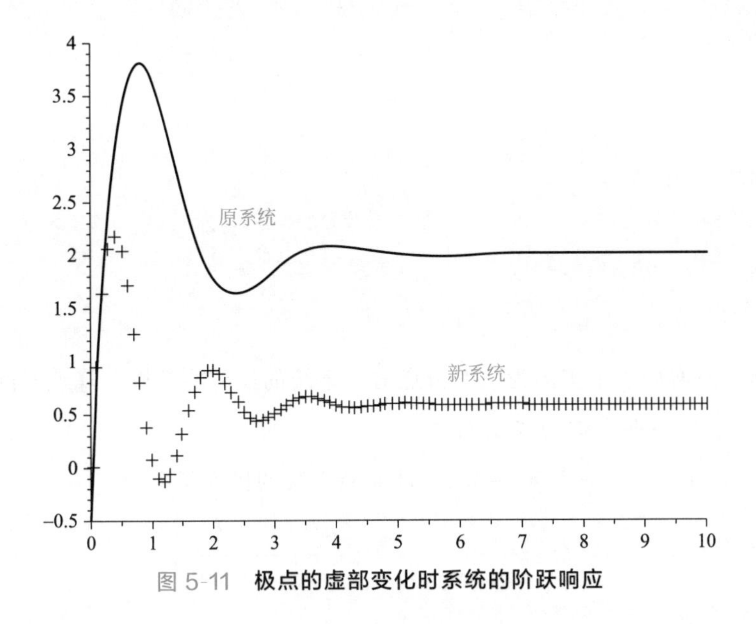

图 5-11 **极点的虚部变化时系统的阶跃响应**

可见，当极点的虚部的绝对值变大时，系统的振荡频率变快。

（3）增加一个实部为负的极点

为式(5-21) 增加一个 $p_3=-1.5$。此时新系统的传递函数为

$$G(s)=\frac{10(s+1)}{(s+1-j2)(s+1+j2)(s+1.5)} \tag{5-24}$$

例 5-7 已知原系统和新系统的传递函数分别为式(5-21) 和式(5-24)，求这两个系统的阶跃响应。

解： 参考例 5-4 的程序，本例的程序如下，运行结果如图 5-12 所示。

```
//例 5-7,增加一个实部为负的极点对系统阶跃响应动态性能的影响
s=%s;
K=10;
z1=-1;
p11=-1+2*%i;p12=-1-2*%i;
p21=-1+2*%i;p22=-1-2*%i;p23=-1.5;
//
N=K*(s-z1);                    //传递函数的分子多项式
D1=poly([p11,p12],"s");        //原传递函数的分母多项式
G1=N/D1;                       //原传递函数的表达式形式
sys1=syslin("c",G1);           //原线性系统的传递函数
D2=poly([p21,p22,p23],"s");    //新传递函数的分母多项式
G2=N/D2;                       //新传递函数的表达式形式
sys2=syslin("c",G2);           //新线性系统的传递函数
//
t=0:0.1:10;
y1=csim('step',t,sys1);        //求原系统的阶跃响应
y2=csim('step',t,sys2);        //求新系统的阶跃响应
clf();plot2d(t',[y1',y2'],[1,-1])
```

可见，当增加一个实部为负的极点时，系统的反应将变慢，峰值时间加大。

（4）增加一个实部为正的极点

为式(5-21) 增加一个 $p_3=0.5$。此时新系统的传递函数为

$$G(s)=\frac{10(s+1)}{(s+1-j2)(s+1+j2)(s-0.5)} \tag{5-25}$$

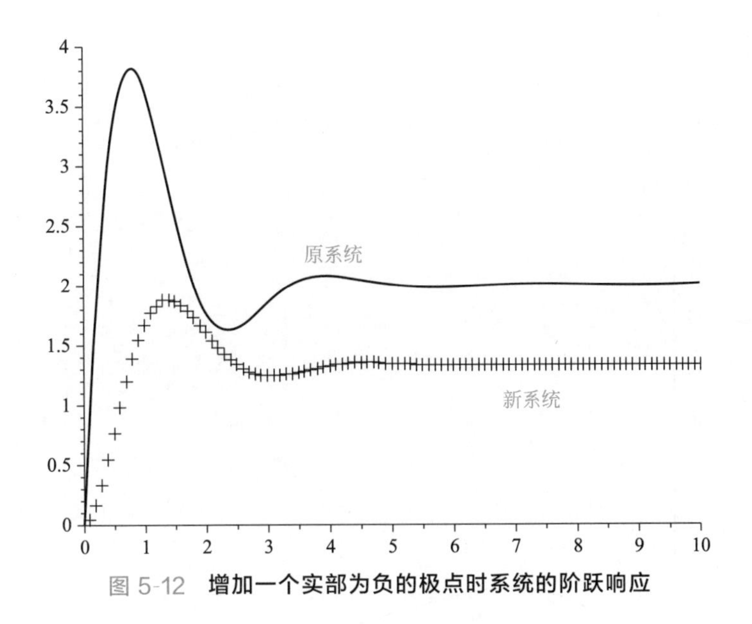

图 5-12 增加一个实部为负的极点时系统的阶跃响应

例 5-8 已知原系统和新系统的传递函数分别为式(5-21) 和式(5-25)，求这两个系统的阶跃响应。

解： 参考例 5-4 的程序，本例的程序如下，运行结果如图 5-13 所示。

```
//例 5-8,增加一个实部为正的极点对系统阶跃响应动态性能的影响
s=%s;
K=10;
z1=-1;
p11=-1+2*%i;p12=-1-2*%i;
p21=-1+2*%i;p22=-1-2*%i;p23=0.5;
//
N=K*(s-z1);                        //传递函数的分子多项式
D1=poly([p11,p12],"s");            //原传递函数的分母多项式
G1=N/D1;                           //原传递函数的表达式形式
sys1=syslin("c",G1);               //原线性系统的传递函数
D2=poly([p21,p22,p23],"s");        //新传递函数的分母多项式
G2=N/D2;                           //新传递函数的表达式形式
sys2=syslin("c",G2);               //新线性系统的传递函数
//
t=0:0.1:3;
```

```
y1=csim('step',t,sys1);       //求原系统的阶跃响应
y2=csim('step',t,sys2);       //求新系统的阶跃响应
clf();plot2d(t',[y1',y2'],[1,-1])
```

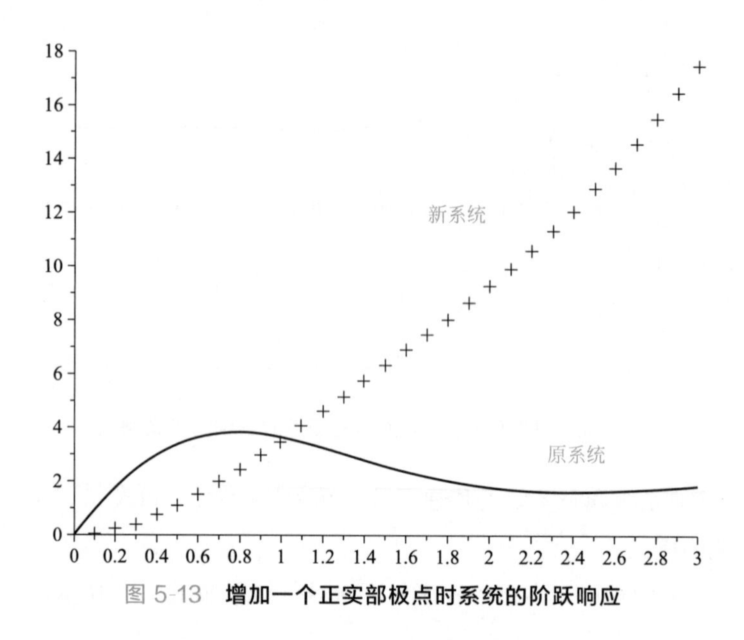

图 5-13 **增加一个正实部极点时系统的阶跃响应**

可见，当增加一个实部为正的极点时，系统将不稳定。

5.2.2 零点对系统性能的影响

仍以例 5-4 所示的系统为例，传递函数为式(5-21)。在此基础上增加一个新的零点 $z_2=-2$，则新系统的传递函数为

$$G(s)=\frac{10(s+1)(s+2)}{(s+1-\mathrm{j}2)(s+1+\mathrm{j}2)} \tag{5-26}$$

例 5-9 已知原系统和新系统的传递函数分别为式(5-21) 和式(5-26)，求这两个系统的阶跃响应。

解： 参考例 5-4 的程序，本例的程序如下，运行结果如图 5-14 所示。

```
//例 5-9,增加一个零点对系统阶跃响应动态性能的影响
s=%s;
K=10;
z1=-1;
```

```
z21=-1;z22=-2;
p1=-1+2*%i;p2=-1-2*%i;
//
N1=K*(s-z1);                //原传递函数的分子多项式
N2=K*(s-z21)*(s-z22);       //新传递函数的分子多项式
D=poly([p1,p2],"s");        //传递函数的分母多项式
//
G1=N1/D;                    //原传递函数的表达式形式
sys1=syslin("c",G1);        //原线性系统的传递函数
G2=N2/D;                    //新传递函数的表达式形式
sys2=syslin("c",G2);        //新线性系统的传递函数
//
t=0:0.1:10;
y1=csim('step',t,sys1);     //求原系统的阶跃响应
y2=csim('step',t,sys2);     //求新系统的阶跃响应
clf();plot2d(t',[y1',y2'],[1,-1])
```

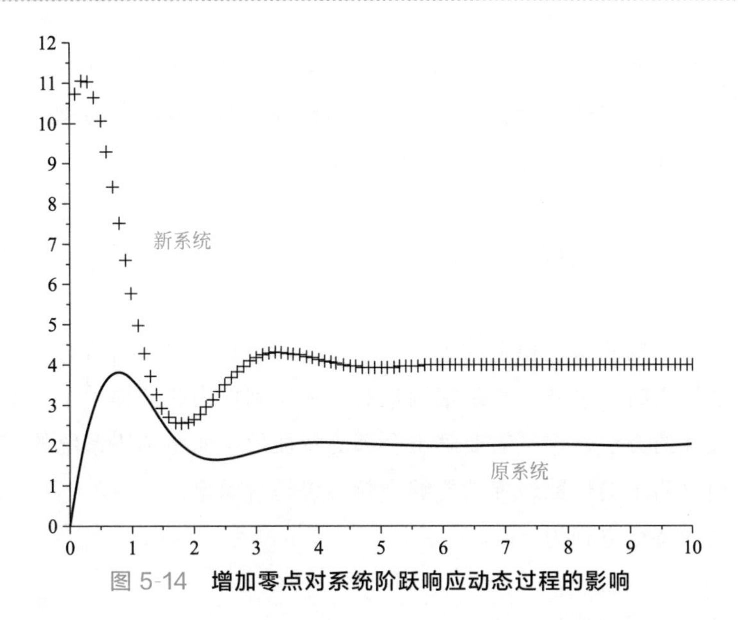

图 5-14 **增加零点对系统阶跃响应动态过程的影响**

可见，当增加一个实部为负的零点后，系统的峰值时间将减少，即系统反应更加迅速。

请读者参照前面对极点变化情况的处理，自行分析系统的零点有其他变化时的系统阶跃响应。

5.3 Scilab 中的劳斯稳定判据

对于控制系统而言，稳定性是最重要的。控制系统的稳定性是指当系统在受到的扰动消失后，能够由初始偏差状态恢复到原来的平衡状态。

控制系统在实际运行过程中都会受到外界和内部一些因素的干扰，而系统在这些扰动作用下都会因为产生偏差而偏离原来的平衡状态。如果系统是不稳定的，这种偏差就会随着时间的推移而越来越大。反之如果系统是稳定的，随着时间的推移，系统就能够恢复到原来的平衡状态。

在时域中，系统的稳定性可以从响应曲线是否收敛来判断。如果随着时间的推移，系统的时域响应能够逐渐衰减并最终收敛到稳定状态，则称该系统是稳定的。否则就是不稳定的。

由自动控制原理和本书前几章的例题可以得到线性系统稳定的充分必要条件：闭环系统特征根都具有负实部（即闭环传递函数的极点均位于 s 复平面的左半平面）。

这是因为只有当系统所有的特征根均为负实部时，才能保证单位脉冲响应最终衰减到零，而这样的系统才是稳定的。如果特征根中有一个或多个根具有正实部，则单位脉冲响应必将随着时间的推移而发散。

5.3.1 劳斯稳定判据的步骤

上面给出了判断系统稳定的充分必要条件，但是需要求出所有的特征根。当系统的阶数较高时，求解将会是很困难的。劳斯判据为我们提供了一个很好的判断系统稳定性的方法，它不需要解出全部的特征根，而是利用系统的特征方程中的系数并通过简单的代数运算就能够判断系统是否稳定。

设系统的特征方程为

$$D(s)=a_0s^n+a_1s^{n-1}+\cdots+a_{n-1}s+a_n=0 \tag{5-27}$$

下面给出劳斯稳定判据的步骤。

（1）确认必要条件是否满足

首先判断以下的必要条件是否满足。如果满足了就进行下一步，如果不满足则该系统肯定不稳定。

劳斯稳定判据的必要条件：系统的特征方程式(5-27) 中所有项的系数均为正数且不缺项，即 $a_i>0(i=0\sim n)$。

（2）列出劳斯表

在满足必要条件的前提下，按以下步骤列出劳斯表，如表 5-2 所示。

① 如果特征方程的最高阶次为 n，则先在表格最左侧一列中从上到下依次写下字符 s^n、s^{n-1}、…、s^1、s^0，并在这一列的右面画一条竖线。可以看到，劳斯表共有 $n+1$ 行。

表 5-2 劳斯表

s^n	a_0	a_2	a_4	a_6	…
s^{n-1}	a_1	a_3	a_5	a_7	…
s^{n-2}	$b_1=-\frac{1}{a_1}\begin{vmatrix} a_0 & a_2 \\ a_1 & a_3 \end{vmatrix}$	$b_2=-\frac{1}{a_1}\begin{vmatrix} a_0 & a_4 \\ a_1 & a_5 \end{vmatrix}$	$b_3=-\frac{1}{a_1}\begin{vmatrix} a_0 & a_6 \\ a_1 & a_7 \end{vmatrix}$	…	…
s^{n-3}	$c_1=-\frac{1}{b_1}\begin{vmatrix} a_1 & a_3 \\ b_1 & b_2 \end{vmatrix}$	$c_2=-\frac{1}{b_1}\begin{vmatrix} a_1 & a_5 \\ b_1 & b_3 \end{vmatrix}$	$c_3=-\frac{1}{b_1}\begin{vmatrix} a_1 & a_7 \\ b_1 & b_4 \end{vmatrix}$	…	…
s^{n-4}	$d_1=-\frac{1}{c_1}\begin{vmatrix} b_1 & b_2 \\ c_1 & c_2 \end{vmatrix}$	$d_2=-\frac{1}{c_1}\begin{vmatrix} b_1 & b_3 \\ c_1 & c_3 \end{vmatrix}$	$d_3=-\frac{1}{c_1}\begin{vmatrix} b_1 & b_4 \\ c_1 & c_4 \end{vmatrix}$	…	…
…	…	…	…	…	…
s^1					
s^0	a_n				

② 将式(5-27) 中 s 的各阶系数 $a_i(i=0\sim n)$ 依此列写在劳斯表的前两行，并在表格第二行的下面划出一条横线。注意：一定要按照表 5-2 所示去写入。

③ 从第 3 行开始，按照表 5-2 所示逐行完成所有的计算工作。如果在计算过程中出现空位，就补零。直到计算到最后一行只有一个数字，而且应该正好是式(5-27) 中的常数项 a_n。

（3）判断系统的稳定性

如果劳斯表的第一列各值均为正，则表示式(5-27) 所有的特征根均为负实部，从而可以判定系统是稳定的。如果劳斯表的第一列出现小于零的值，说明系统是不稳定的，并且第一列中各元素值的正负改变的次数就代表了特征根中有多少个实部为正的根。

例 5-10 系统的特征方程为 $s^4+3s^3+3s^2+6s+5=0$，利用劳斯判据判断该系统的稳定性。

解：

① 特征方程中无缺项，且所有的系数均大于零，满足必要条件。

② 列劳斯表。

s^4	1	3	5
s^3	3	6	0
s^2	$-\frac{1}{3}\begin{vmatrix}1 & 3\\3 & 6\end{vmatrix}=1$	$-\frac{1}{3}\begin{vmatrix}1 & 5\\3 & 0\end{vmatrix}=5$	$-\frac{1}{3}\begin{vmatrix}1 & 0\\3 & 0\end{vmatrix}=0$
s^1	$-\frac{1}{1}\begin{vmatrix}3 & 6\\1 & 5\end{vmatrix}=-9$	$-\frac{1}{1}\begin{vmatrix}3 & 0\\1 & 0\end{vmatrix}=0$	
s^0	$-\frac{1}{-9}\begin{vmatrix}1 & 5\\-9 & 0\end{vmatrix}=5$		

③ 劳斯表中第一列数值出现了小于零的情况，所以系统不稳定。由于第一列中符号由正变到负，又由负变到正，因此符号改变了两次，说明系统有两个根在 s 右半平面。

例 5-11 已知单位负反馈系统的开环传递函数为 $G(s)=\dfrac{K}{s(s+1)(s+3)}$，$K>0$。确定使系统稳定时 K 的取值范围。

解：

① 题目中给出的是开环传递函数，因此不能直接列写劳斯表，需要先求出系统的闭环传递函数。单位负反馈系统的闭环传递函数为

$$\Phi(s)=\frac{G(s)}{1+G(s)\times 1}=\frac{K}{s^3+4s^2+3s+K}$$

系统的特征方程为

$$D(s)=s^3+4s^2+3s+K=0$$

② 特征方程中无缺项，且所有的系数均大于零，满足必要条件。

③ 列劳斯表。

s^3	1	3
s^2	4	K
s^1	$-\frac{1}{4}\begin{vmatrix}1 & 3\\4 & K\end{vmatrix}=\frac{12-K}{4}$	0
s^0	K	

④ 若要系统稳定，劳斯表第一列数值必须都大于零，即

$$\frac{12-K}{4}>0 \text{ 且 } K>0$$

所以系统稳定的条件为 $0<K<12$。

 说明

在计算劳斯表中的各元素时，有时会出现第一列元素为零，或者某一行的所有元素都等于零的情况。只要出现这两种情况，就可以判定系统不稳定。

5.3.2 用 Scilab 进行劳斯稳定性分析

现在我们利用 Scilab 编程重新将例 5-10 和例 5-11 做一遍。

例 5-12 系统的特征方程为 $s^4+3s^3+3s^2+6s+5=0$（同例 5-10），利用 Scilab 中的劳斯判据函数 routh _ t () 判断该系统的稳定性。

解： 程序和运行结果如下所示：

```
//例 5-12,建立劳斯表并计算特征根
s=%s;
D=s^4+3*s^3+3*s^2+6*s+5;
[r,num]=routh_t(D)        //计算劳斯表
root=roots(D)             //求多项式的根
```

执行该程序得到如下结果：

```
r=
  1.   3.   5.
  3.   6.   0.
  1.   5.   0.
  -9.   0.   0.
  5.   0.   0.
num=
  2.


root=
```

```
-2.4334277+0.i
0.2167138+1.4169509i
0.2167138-1.4169509i
-1.        +0.i
```

routh_t() 函数的作用就是计算劳斯表中的元素值，它返回两个变量，分别是r和num。从程序的执行结果看，r中保存的元素正是例5-10中劳斯表内对应位置各元素的值。而变量num=2表示劳斯表中第一列元素改变正负号的次数等于2。而root中保存的四个值是特征根，可以看出这四个根中确实有两个根的实部为正，这与例5-10的结论一致。

例5-13 同例5-11，已知单位负反馈系统的开环传递函数为 $G(s)=\dfrac{K}{s(s+1)(s+3)}$，$K>0$。利用Scilab确定使系统稳定时 K 的取值范围。

解：程序和运行结果如下所示：

```
//例5-13,建立劳斯表并确认系统稳定时参数的取值范围
s=%s;
G=1/(s*(s+1)*(s+3));
K=poly(0,'K');          //将字符K设为传递函数中的增益
r=routh_t(G,K)          //列出劳斯表
```

执行该程序得到如下结果：

```
r=

 1   3
 -   -
 1   1


 4   K
 -   -
 1   1


 12-K    0
 -----   -
 4       1
```

```
  K   0
  -   -
  1   1
```

从程序执行结果可以看到 r 中保存的各元素为$\begin{pmatrix} 1 & 3 \\ 4 & K \\ \dfrac{12-K}{4} & 0 \\ K & 0 \end{pmatrix}$，与例 5-11 的劳斯表中各元素一致。因此，若要系统稳定，劳斯表第一列必须全部为正，即系统稳定的条件为 $0<K<12$。

其实 routh _ t() 函数可以有多种使用方法。在例 5-12 和例 5-13 中分别为

$$[r,num]=routh\_t(D) \tag{5-28}$$

$$r=routh\_t(G,K) \tag{5-29}$$

针对图 5-15 所示的系统，也可以直接使用 routh_t() 函数。下面举例说明。

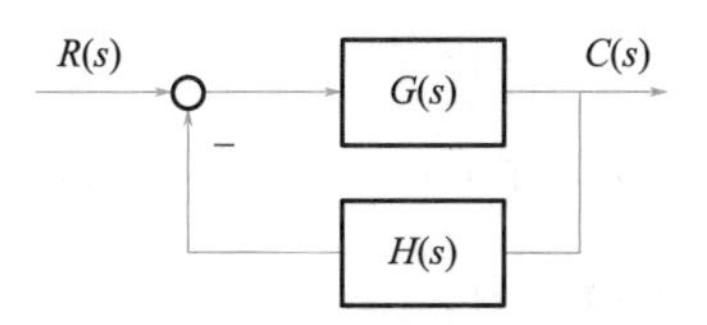

图 5-15 **负反馈系统结构图**

例 5-14 如图 5-15 所示系统中，$G(s)=\dfrac{2}{s(s+1)}$，$H(s)=\dfrac{3}{s+3}$。利用 Scilab 编程判断系统的稳定性。

解： 程序和运行结果如下所示。

```
//例 5-14,建立劳斯表并判断系统的稳定性
s=%s;
G=2/(s*(s+1));
H=3/(s+3);
[r,num]= routh_t(G*H,1)     //列出劳斯表
```

执行该程序得到如下结果：

```
r=
  1.     3.
```

```
   4.   6.
  1.5   0.
   6.   0.

num=
  0.
```

实际上，例 5-14 所示系统的闭环传递函数为

$$\Phi(s)=\frac{G(s)}{1+G(s)H(s)}=\frac{\dfrac{2}{s(s+1)}}{1+\dfrac{2}{s(s+1)}\times\dfrac{3}{s+3}}=\frac{2s+6}{s^3+4s^2+3s+6}$$

它的劳斯表为 $\begin{pmatrix} 1 & 3 \\ 4 & 6 \\ \frac{3}{2} & 0 \\ 6 & \end{pmatrix}$，与程序执行结果 r 中的元素是一致的。而且 num=0 表示没有 s 右平面的根，所以系统稳定。

例 5-15 设图 5-15 所示系统中，$G(s)=\dfrac{K}{s(s+1)}$，$H(s)=\dfrac{3}{s+3}$。利用 Scilab 编程判断使系统稳定时 K 的取值范围。

解：程序和运行结果如下所示：

```
//例 5-15,建立劳斯表并判断使系统稳定时增益 K 的取值范围
s=%s;
G=1/(s*(s+1));
H=3/(s+3);
K=poly(0,'K');
r=routh_t(G*H,K)     //列出劳斯表
```

执行该程序得到如下结果：

```
r=

  1  3
  -  -
  1  1
```

```
    4          3K
    -          --
    1          1


    12  -3K    0
    ------     -
    4          1


    3K         0
    --         -
    1          1
```

例5-15与例5-14基本相同，只是将$G(s)$中的增益设为变量K，并求使系统稳定时K的取值范围。可见，若想系统稳定，必须劳斯表第一列数值均为正，即$\frac{12-3K}{4}>0$且$3K>0$。所以系统稳定的K值范围是$0<K<4$。

5.4 本章小结

第4章学习了传递函数及其计算方法之后，本章在时域中利用传递函数对系统进行分析，内容包括：

① 一阶系统和二阶系统的阶跃响应曲线的绘制与分析。

② 分析二阶振荡环节在不同阻尼系数下的阶跃响应。

③ 系统的零极点发生变化时，对系统性能的影响。

④ 劳斯稳定判据的步骤及其在Scilab中的实现。

1. 已知$G_1(s)=\frac{1}{2s+1}$，$G_2(s)=\frac{2}{3s+1}$，串联成二阶系统如式(5-7)所示，

利用式(5-9) 编程求取阶跃响应输出曲线。(参考例 5-2)

2. 在单位阶跃信号 $r(t)=1(t)$ 作用下，利用 Scilab 编程求二阶系统 $G(s)=\dfrac{\omega_n^2}{s^2+2\xi\omega_n s+\omega_n^2}$的输出响应并绘制输出曲线。其中，$\omega_n=3$，阻尼系数 ξ 分别为 0、0.2、0.7、1、2。要求：编写自定义函数，能够根据给定的不同阻尼系数自动求解 $G(s)$。(参考例 5.3)

3. 已知系统的传递函数 $G(s)=\dfrac{10(s+1)}{(s+1-j2)(s+1+j2)}$，请尝试为该系统增加不同值的零点和极点并求系统的单位阶跃响应，分析零极点的作用。(参考第 5.2 节)

4. 设单位负反馈系统的开环传递函数分别如下所示，编程利用劳斯稳定判据判断系统的稳定性。(参考第 5.3 节)

(1) $G(s)=\dfrac{50}{(1+0.1s)(1+2s)(1+0.5s)}$　(2) $G(s)=\dfrac{7(s+1)}{s(s^2+2s+2)(s+4)}$

5. 设单位负反馈系统的开环传递函数分别如下所示，编程利用劳斯稳定判据判断系统稳定时 K 的取值范围。(参考第 5.3 节)

(1) $G(s)=\dfrac{K}{s(1+0.1s)(1+0.2s)}$　(2) $G(s)=\dfrac{K}{s(s^2+4s+20)}$

随手记

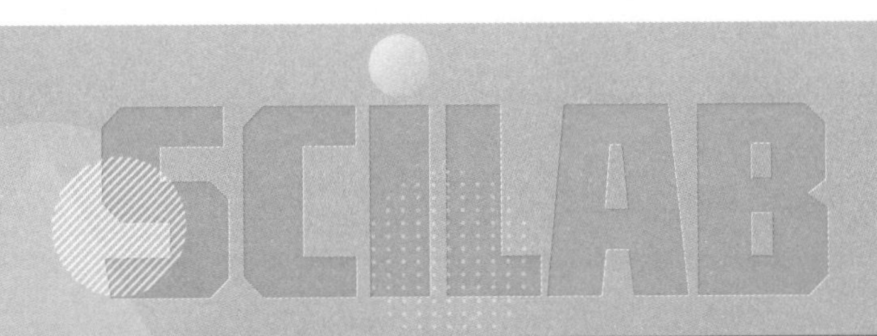

第 6 章 Scilab中控制系统的频域分析

前面章节讨论了 Scilab 在控制系统时域中的仿真和分析。时域分析非常适合于对低阶控制系统的性能分析，但对于高阶系统的分析则比较困难。为此本章讨论 Scilab 在控制系统频域上的仿真与分析。频域分析不需要求解高阶系统的时域响应方程，完全是利用系统的开环频率特性来判断闭环系统的稳定性。

6.1 频域分析基础

频率是指 1s 内重复发生的次数，单位是赫兹，用 Hz 表示。下面先以音乐中的音节为例（如表 6-1 所示）通过 Scilab 编程来播放声音，以此来对频率有个认识。执行这个程序的时候就会发现频率越大则声音越高。

表 6-1 音节与对应的频率

音节	1	2	3	4	5	6	7	i
频率/Hz	264	297	330	352	396	440	495	528

例 6-1 播放各音节的声音，每个音节播放 1s。

```
//例 6-1,播放各音节的声音,每个音节播放 1s
t=soundsec(1);//每个音节播放 1s
do1=sin(2 * %pi * 264 * t);
re2=sin(2 * %pi * 297 * t);
```

```
mi3=sin(2*%pi*330*t);
fa4=sin(2*%pi*352*t);
so5=sin(2*%pi*396*t);
la6=sin(2*%pi*440*t);
xi7=sin(2*%pi*495*t);
doi=sin(2*%pi*528*t);
snd=[do1,re2,mi3,fa4,so5,la6,xi7,doi];
playsnd(snd);
```

在前面章节的时域分析中，系统的输入信号为阶跃、斜坡（速度）、加速度和脉冲等常用函数，这些函数中是不包含频率信息的。在本章的频域分析中，就需要为系统的输入信号增加频率信息，因此本章的输入信号选用正弦函数

$$r(t)=R_0\sin(\omega t) \tag{6-1}$$

它的拉普拉斯变换为（参阅表 3-1）

$$R(s)=\frac{R_0\omega}{s^2+\omega^2} \tag{6-2}$$

对于一个传递函数为$G(s)=\dfrac{1}{Ts+1}$的一阶系统，当输入为式(6-1) 时其输出信号的拉普拉斯变换为

$$C(s)=G(s)R(s)=\frac{1}{Ts+1}\times\frac{R_0\omega}{s^2+\omega^2} \tag{6-3}$$

经过拉普拉斯反变换，得

$$c(t)=\frac{R_0\omega T}{1+\omega^2T^2}\mathrm{e}^{-\frac{t}{T}}+\frac{R_0}{\sqrt{1+\omega^2T^2}}\sin[\omega t-\arctan(\omega T)] \tag{6-4}$$

式中的第一项为暂态分量，当时间 t 趋于无穷（系统稳定后）其值趋于零。式中第二项为稳态分量，它是一个正弦信号。于是

$$\lim_{t\to\infty}c(t)=\frac{R_0}{\sqrt{1+\omega^2T^2}}\sin[\omega t-\arctan(\omega T)] \tag{6-5}$$

可见当时间 t 趋于无穷时，稳态分量即为系统的稳态输出。说明在正弦信号作用下系统的稳态输出为一个与输入同频率的正弦信号，只是它的幅值和相位有了变化：当输入为 $r(t)=R_0\sin(\omega t)$时，其稳态输出为$\dfrac{R_0}{\sqrt{1+\omega^2T^2}}\sin[\omega t-\arctan(\omega T)]$，

即输出的振幅相对于输入变化了$\frac{1}{\sqrt{1+\omega^2T^2}}$倍，而输出的相位相对于输入变化了$-\arctan(\omega T)$。由此得到表6-2。

表6-2 控制系统 $G(s)=\frac{1}{Ts+1}$的输入信号与稳态输出结果

名称	表达式	振幅	相位
输入信号	$r(t)=R_0\sin(\omega t)$	R_0	0
稳态输出	$\frac{R_0}{\sqrt{1+\omega^2T^2}}\sin[\omega t-\arctan(\omega T)]$	$\frac{R_0}{\sqrt{1+\omega^2T^2}}$	$-\arctan(\omega T)$

由表6-2可以看出系统稳态输出的振幅和相位都是正弦波输入频率ω的函数。对于典型的一阶系统$G(s)=\frac{1}{Ts+1}$，由自动控制原理可知，令$s=\mathrm{j}\omega$就可以得到它的频率特性函数$G(\mathrm{j}\omega)=\frac{1}{\mathrm{j}\omega T+1}$。而该系统在某个频率$\omega$下的振幅为$|G(\mathrm{j}\omega)|=\frac{1}{\sqrt{1+\omega^2T^2}}$，相位$\angle G(\mathrm{j}\omega)=\phi=-\arctan(\omega T)$。由此得到表6-3。

表6-3 控制系统 $G(s)=\frac{1}{Ts+1}$的频率特性

名称	表达式	幅频特性	相频特性
频率特性	$G(\mathrm{j}\omega)=\frac{1}{\mathrm{j}\omega T+1}$	$\|G(\mathrm{j}\omega)\|=\frac{1}{\sqrt{1+\omega^2T^2}}$	$\angle G(\mathrm{j}\omega)=\phi=-\arctan(\omega T)$

对比表6-2和表6-3我们发现，稳态输出的振幅与输入振幅之比正好是控制系统$G(s)$频率特性中的幅频特性$|G(\mathrm{j}\omega)|$，而输出相位与输入相位的角度之差正好是控制系统$G(s)$频率特性中的相频特性$\angle G(\mathrm{j}\omega)$。

因此基于自动控制原理并不失一般性地可以得到如下结论：针对任一稳定的系统$G(s)$，当输入为正弦信号时，其稳态输出为同频率的正弦信号，且稳态输出的幅值变化了$|G(\mathrm{j}\omega)|$倍，相角变化了$\angle G(\mathrm{j}\omega)$。

6.2 用 Scilab 求正弦输入的系统输出

对于控制系统$G(s)$，设其输入$r(t)$和稳态输出$c(t)$分别为

$$r(t)=R_0\sin(\omega t+\phi_0) \tag{6-6}$$

$$c(t)=C\sin(\omega t+\phi_c) \tag{6-7}$$

结合表 6-2 与表 6-3 可知

$$C=R_0\,|G(\mathrm{j}\omega)|,\phi_c=\phi_0+\angle G(\mathrm{j}\omega) \tag{6-8}$$

即

$$c(t)=R_0\,|G(\mathrm{j}\omega)|\sin[\omega t+\phi_0+\angle G(\mathrm{j}\omega)] \tag{6-9}$$

由此我们可以对某个未知的控制系统［即 $G(s)$ 的表达式未知］通过输入正弦波进行频域分析，从而近似获得该系统的数学模型。方法如下：

在指定频率 ω_1 下能够测得该系统的稳态输出振幅为 C_1，输出相位为 ϕ_{c1}。系统的输出振幅与输入振幅之比 $\frac{C_1}{R_0}$ 即为该系统在该频率 ω_1 下的增益 $|G(\mathrm{j}\omega_1)|$，而系统在该频率下的相角 $\angle G(\mathrm{j}\omega_1)$ 为 $\phi_{c1}-\phi_0$。当给定一系列不同的输入频率 ω_i 时，即可通过这种实验法获得该系统在各种频率下的特性值，即系统的增益 $|G(\mathrm{j}\omega_i)|$ 和相角 $\angle G(\mathrm{j}\omega_i)$ 随不同频率变化的数据，从而近似得到该系统的整体频率特性 $G(\mathrm{j}\omega)$，并据此推导出系统的传递函数 $G(s)$。

例 6-2 对于系统 $G(s)=\frac{1}{2s+1}$，当输入为 $r(t)=3\sin(5t)$ 时求其输出 $c(t)$。

```
//例 6-2,输入为正弦信号时求输出
s=%s;
G=1/(2*s+1);
t=0:0.01:5;
r=[3*sin(5*t)];
sys=syslin('c',G);  //定义一个线性系统,'c'是连续系统,如果是'd'则表示
                      离散系统
ct=csim(r,t,sys);   //求系统的输出
clf();plot2d(t',[r',ct'])
xtitle('求正弦输入时的系统输出','t','c(t)')  //显示曲线的标题和横纵轴
                                              的名称
```

程序的执行结果如图 6-1 所示。因为输入信号 $r(t)=3\sin(5t)$ 的振幅为 3，所以图 6-1 中振幅大的是输入信号 $r(t)$，振幅小的是输出 $c(t)$。可见其输出与输入相比，幅值和相角都发生了变化。

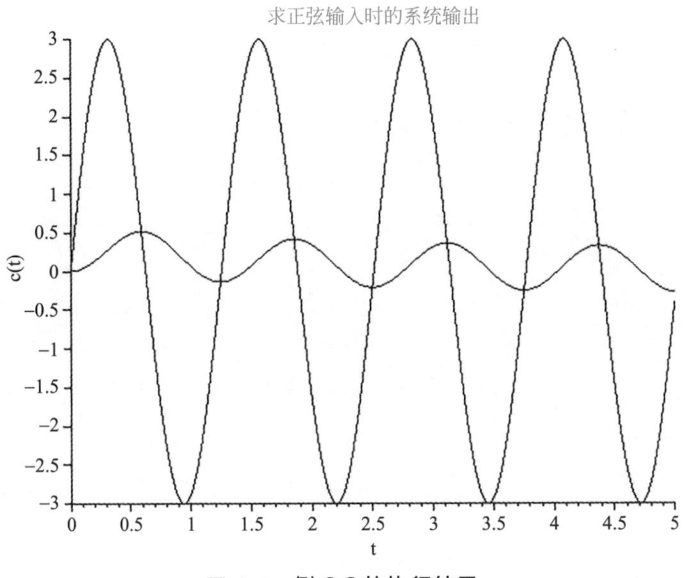

图 6-1 例 6-2 的执行结果

6.3 用 Scilab 绘制极坐标图

利用频域分析有一个好处，就是在工程分析和设计中通常把频率特性绘制成不同的曲线，可以很方便地利用这些频率特性曲线去研究系统的性能。这些曲线包括极坐标图（也叫幅相频率特性曲线）、伯德图（也叫对数频率特性曲线）等，下面分别介绍。

6.3.1 用 Scilab 绘制典型环节的极坐标图

（1）一阶惯性环节

一阶惯性环节的传递函数为 $G(s)=\dfrac{1}{Ts+1}$，令 $s=\mathrm{j}\omega$ 得到它的频率特性函数

$$G(\mathrm{j}\omega)=\frac{1}{\mathrm{j}\omega T+1}=\frac{1}{1+\mathrm{j}\omega T}\times\frac{1-\mathrm{j}\omega T}{1-\mathrm{j}\omega T}=\frac{1}{1+(\omega T)^2}-\mathrm{j}\frac{\omega T}{1+(\omega T)^2} \tag{6-10}$$

它的幅值（增益）和相角分别为

$$|G(\mathrm{j}\omega)|=\frac{1}{\sqrt{1+(\omega T)^2}},\angle G(\mathrm{j}\omega)=\varphi(\omega)=-\arctan(\omega T) \tag{6-11}$$

由式(6-11)可知，当频率ω由0变化到∞时，增益$|G(j\omega)|$由1变成0，相位$\varphi(\omega)$由0变成了$-90°$，且一直为负值。

例 6-3 绘制一阶惯性环节$G(s)=\frac{1}{2s+1}$的极坐标图。

```
//例 6-3,绘制一阶惯性环节的极坐标图
s=%s;
G=1/(2*s+1);
omiga=0:0.01:100;
Gj=horner(G,omiga*%i);  //将G中的s变换成omiga*%i,变成频率特性
x=real(Gj);y=imag(Gj);   //得到Gj的实部和虚部
plot2d(x,y,rect=[-0.11,-0.61,1.11,0.11]);  //rect中的参数分别为xmin,
                                                        ymin,xmax,ymax
xtitle('一阶惯性环节的极坐标图','Re','Im')
a=gca();                  //获取坐标轴句柄
a.x_location="origin"; //选择x坐标轴的位置,可选项是bottom,top,mid-
                                  dle,origin
a.y_location="origin"; //选择y坐标轴的位置
```

程序的执行结果如图6-2所示。它是一个以（0.5，0）为圆心，以0.5为半径的半圆。

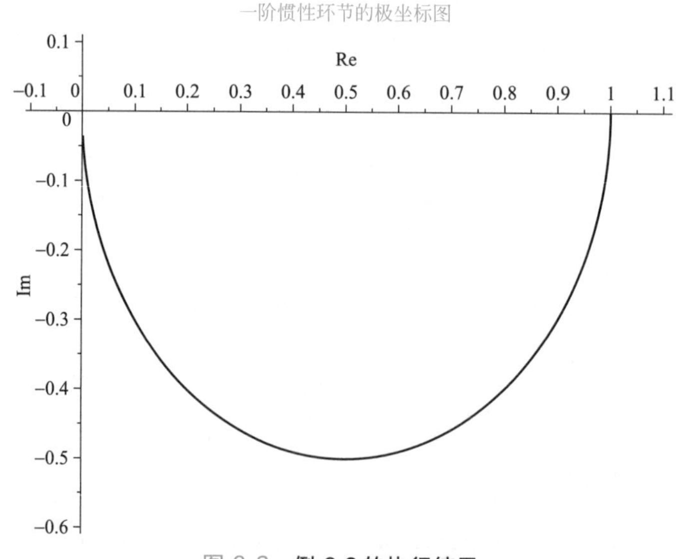

图6-2 例6-3的执行结果

（2）二阶振荡环节

二阶振荡环节的传递函数为

$$G(s)=\frac{\omega_n^2}{s^2+2\xi\omega_n s+\omega_n^2}=\frac{1}{T^2s^2+2\xi Ts+1} \tag{6-12}$$

式中，振荡周期 T 与无阻尼振荡频率 ω_n 互为倒数，即 $\omega_n=\frac{1}{T}$，ξ 为阻尼比（当 $0<\xi<1$ 时产生振荡）。

例 6-4 绘制二阶振荡环节 $G(s)=\frac{1}{s^2+1.4s+1}$ 的极坐标图。

说明： 对比二阶振荡环节 $G(s)=\frac{1}{s^2+1.4s+1}$ 与式(6-12) 中 s 的各阶系数可知 $\omega_n^2=1$ 且 $2\xi\omega_n=1.4$，即可得到 $\omega_n=1$ 且 $\xi=0.7$。

```
//例 6-4,绘制二阶振荡环节的极坐标图
s=%s;
omgn=1.0;zeta=0.7;//ωn=1,ξ=0.7
G=omgn^2/(s^2+2*zeta*omgn*s+omgn^2);
omiga=0:0.01:100;
Gj=horner(G,omiga*%i);
x=real(Gj);y=imag(Gj);
clf();
plot2d(x,y,rect=[-0.31,-0.86,1.06,0.11]);
xtitle('二阶振荡环节的极坐标图','Re','Im')
a=gca();
a.x_location="origin";
a.y_location="origin";
```

程序的执行结果如图 6-3 所示。

6.3.2 用 Scilab 分析相位的超前与滞后

下面分别绘制典型积分环节 $G(s)=\frac{1}{s}$ 和典型微分环节 $G(s)=s$ 的极坐标图，用以分析相位的超前与滞后。

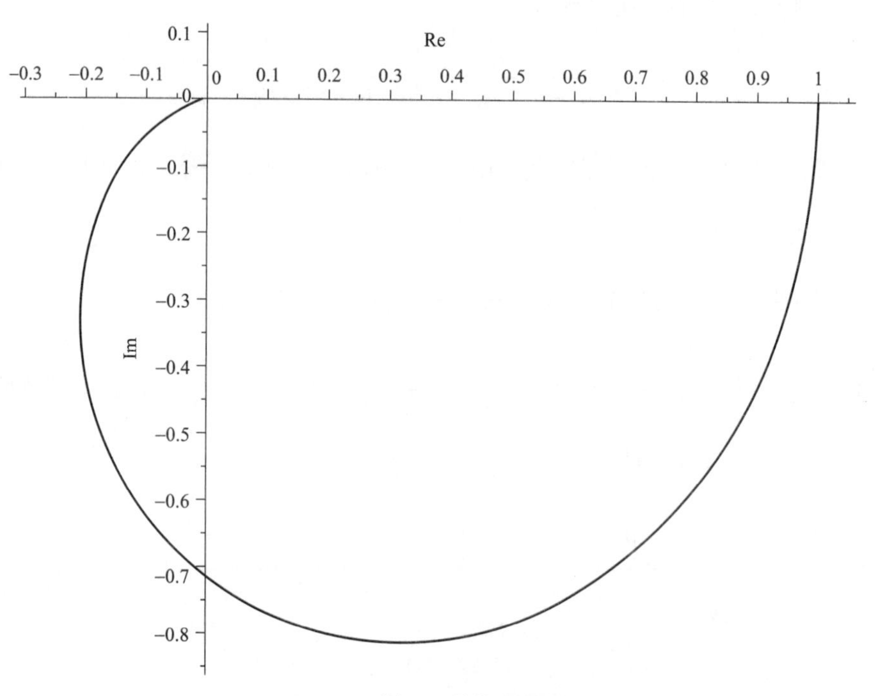

图 6-3 **例 6-4 的执行结果**

例 6-5 绘制积分环节和微分环节的极坐标图。

```
//例 6-5,绘制积分环节和微分环节的极坐标图
s=%s;
G1=1/s;G2=s;
omiga=0:0.01:100;
Gj1=horner(G1,omiga*%i);        //G1 的频率特性
Gj2=horner(G2,omiga*%i);        //G2 的频率特性
x1=real(Gj1);y1=imag(Gj1);
x2=real(Gj2);y2=imag(Gj2);
//以下绘制积分环节的频率特性曲线
xset("window",1);clf();plot2d(x1,y1,axesflag=4,rect=[-0.5,-5,0.5,5])
xtitle('积分环节的极坐标图')
a=gca();
a.children//获取当前图中的组成部分
```

```
poly1=a.children().children();//将绘制曲线的句柄给 poly1
poly1.foreground=5;  //选取曲线的颜色
poly1.thickness=4;   //选取曲线的粗细
//以下绘制微分环节的频率特性曲线
xset("window",2);clf();plot2d(x2,y2,axesflag=4,rect=[-0.5,-5,0.5,5])
xtitle('微分环节的极坐标图')
a=gca();
a.children
poly1=a.children().children();
poly1.foreground=2;
poly1.thickness=3;
```

程序的执行结果如图 6-4 所示。

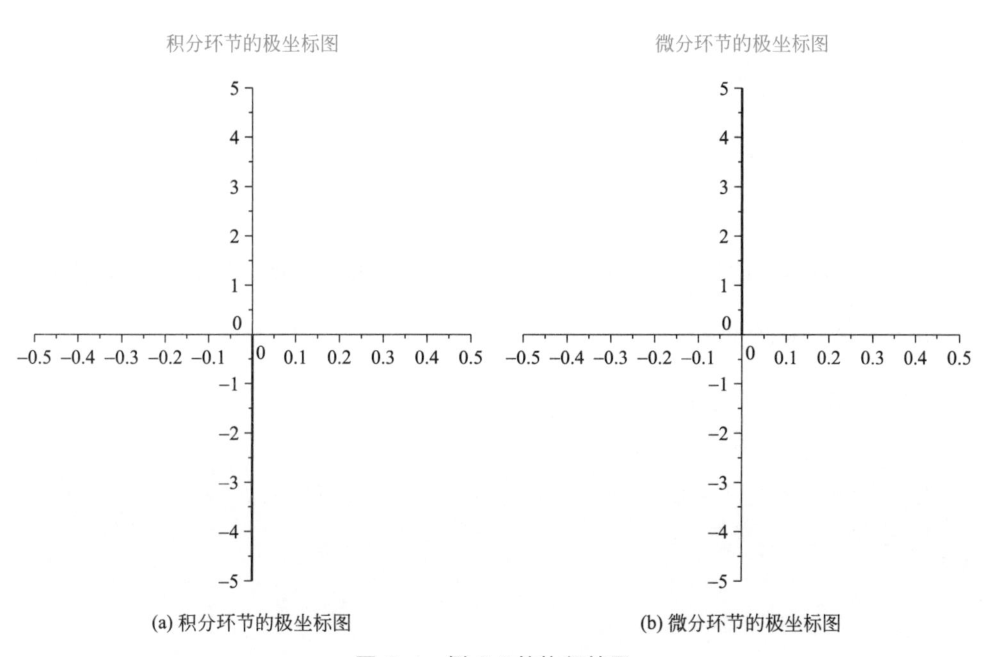

(a) 积分环节的极坐标图　　(b) 微分环节的极坐标图

图 6-4　例 6-5 的执行结果

由图 6-4 可知，无论频率值 ω 为多少，积分环节的相位全部为 $-90°$，可见积分环节具有相位滞后的特性。与此相反，微分环节的相位为 $90°$，具有超前特性。

6.4 用 Scilab 绘制伯德图

对数频率特性曲线又称伯德图（Bode 图），包括对数幅频曲线和对数相频曲线，在频域分析中被广泛使用。对数频率特性曲线的横坐标为频率 ω，按对数分度，单位是（弧度/秒，rad/s）。

 说明

按对数分度是指横坐标以 $\lg\omega$ 进行均匀分度，即横坐标对 $\lg\omega$ 来讲是均匀的，对 ω 而言却是不均匀的。例如 $\omega=0.1\sim1$ 与 $\omega=1\sim10$ 之间的横坐标距离是相等的，即每十倍频程是等距离的。也就是说频率 ω 每变化十倍（称为一个十倍频程），横坐标的间隔距离为一个单位长度。需要注意的是无法标出 $\omega=0$ 的点（因为 lg0 不存在）。

6.4.1 用 Scilab 绘制典型环节的伯德图

我们还是以一阶惯性环节 $G(s)=\dfrac{1}{2s+1}$ 为例来说明。对于其他的典型环节可以仿照例题去编程并分析结果。

例 6-6 绘制一阶惯性环节 $G(s)=\dfrac{1}{2s+1}$ 的伯德图。

```
//例 6-6,绘制一阶惯性环节的伯德图
s=%s;
G=1/(2*s+1);
sys= syslin("c",G);
clf();
//绘制伯德图的函数,频率从 1e-2(10^-2)绘制到 1e1(10^1),频率递增值为 0.01
bode(sys,1e-2,1e1,0.01);
```

程序的执行结果如图 6-5 所示。

从图 6-5 所示的伯德图可以看出，它分为上下两个图。上面的对数幅频曲线

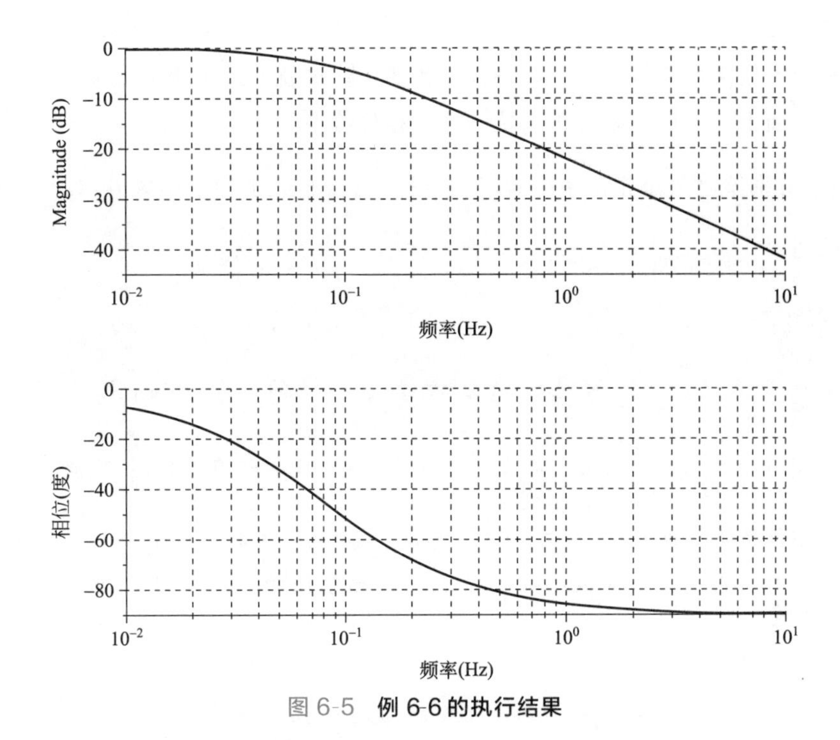

图 6-5 **例 6-6 的执行结果**

（Magnitude 图）的纵坐标单位是分贝［dB］，它是实际增益值$|G(j\omega)|$取以 10 为底的对数再乘以 20 后的结果，即 $20\lg|G(j\omega)|$。下面的对数相频曲线（相位图）的纵坐标就是实际的相位值 $\varphi(\omega)$，单位是度。

6.4.2 用 Scilab 分析系统的相位特性

我们在学习经典控制理论时考虑的对象都是线性非时变最小相位系统。若控制系统开环传递函数的所有零、极点都位于虚轴以及复数域 s 的左半平面，则称为最小相位系统，否则称为非最小相位系统。系统的相位特性对系统稳定性是有影响的。

由自动控制原理可知，最小相位系统的开环幅频特性和相频特性是直接关联的，即一个幅频特性只能有一个相频特性与之对应；反之亦然。因此，对于最小相位系统，只要根据其对数幅频特性曲线就能确定系统的开环传递函数。而对于非最小相位系统，仅根据其对数幅频特性曲线是无法确定系统开环传递函数的，还要结合其对数相频特性来分析。

在幅频特性完全一致的情况下，组成最小相位系统的各典型环节（如一阶惯性环节、二阶振荡环节等）的相频特性比相应的不稳定环节（如不稳定惯性环节、不稳定振荡环节等）的相频特性变化要小，这就是最小相位系统这一名称的由来。下面由一个例题来分析系统的这一相位特性。

例 6-7 分别绘制最小相位系统 $G_1(s)=\dfrac{3s+1}{2s+1}$ 和非最小相位系统 $G_2(s)=\dfrac{3s-1}{2s+1}$ 的伯德图。

说明

$G_1(s)$ 和 $G_2(s)$ 的对数幅频特性是一样的，即 $20\lg|G_1(j\omega)|=20\lg|G_2(j\omega)|=\dfrac{\sqrt{(3\omega)^2+1}}{\sqrt{(2\omega)^2+1}}$。它们的差别在于 $G_1(s)$ 的零点为 $-1/3$，极点为 $-1/2$，是最小相位系统；而 $G_2(s)$ 的零点为 $1/3$，极点为 $-1/2$，因为 $G_2(s)$ 有一个正的零点，所以它是一个非最小相位系统。因此它们的相频特性曲线应该是不一样的。

```
//例 6-7,绘制最小相位系统和非最小相位系统的伯德图
s=%s;
G1=(3*s+1)/(2*s+1);   //最小相位系统
G2=(3*s-1)/(2*s+1);   //非最小相位系统
sys1=syslin("c",G1);
sys2=syslin("c",G2);
xset("window",1);clf();bode(sys1,0.01,100);
xset("window",2);clf();bode(sys2,0.01,100);
```

程序的执行结果如图 6-6 所示。

两个系统的对数幅频特性曲线是一样的。由它们的对数相频曲线可以看到这两个系统 $G_1(j\omega)=\dfrac{1+j3\omega}{1+j2\omega}$ 和 $G_2(j\omega)=\dfrac{-1+j3\omega}{1+j2\omega}$ 相角的变化情况。

① $G_1(s)$ 为最小相位系统，在 ω 由 0 到无穷大变化时，分子 $1+j3\omega$ 的相角由 0°变化到 90°，而分母的部分 $\dfrac{1}{1+j2\omega}$ 的相角由 0°变化到 $-90°$。由于零点 $-1/3$ 大于极点 $-1/2$，所以零点先起作用，故 $G_1(j\omega)$ 的相角先由 0°向正值变化，极点起作用后相角变小并最终变化到 0°，这一过程中相角始终为正。

② $G_2(s)$ 为非最小相位系统，ω 由 0 到无穷大变化时，分子 $-1+j3\omega$ 的相

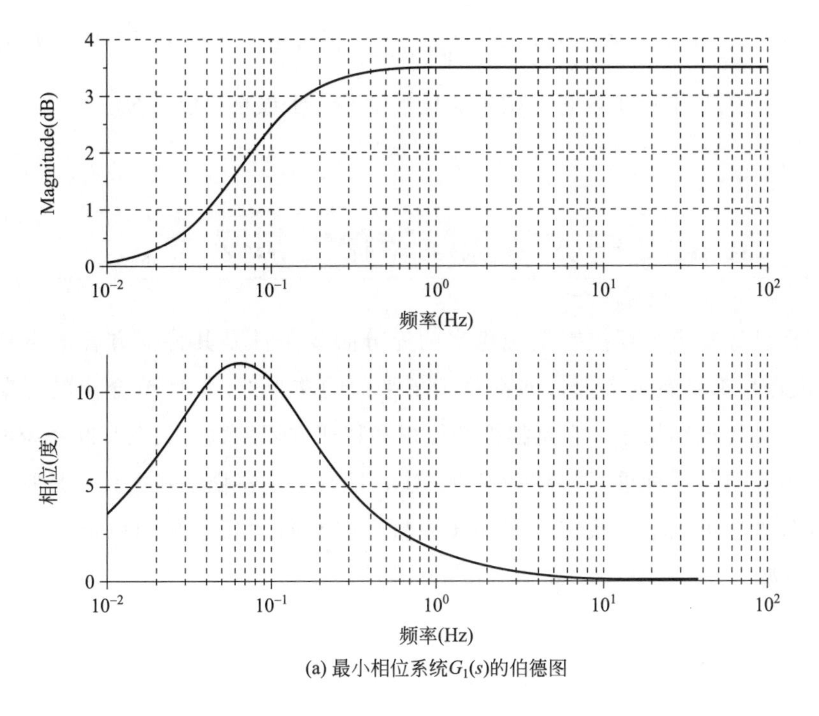

(a) 最小相位系统$G_1(s)$的伯德图

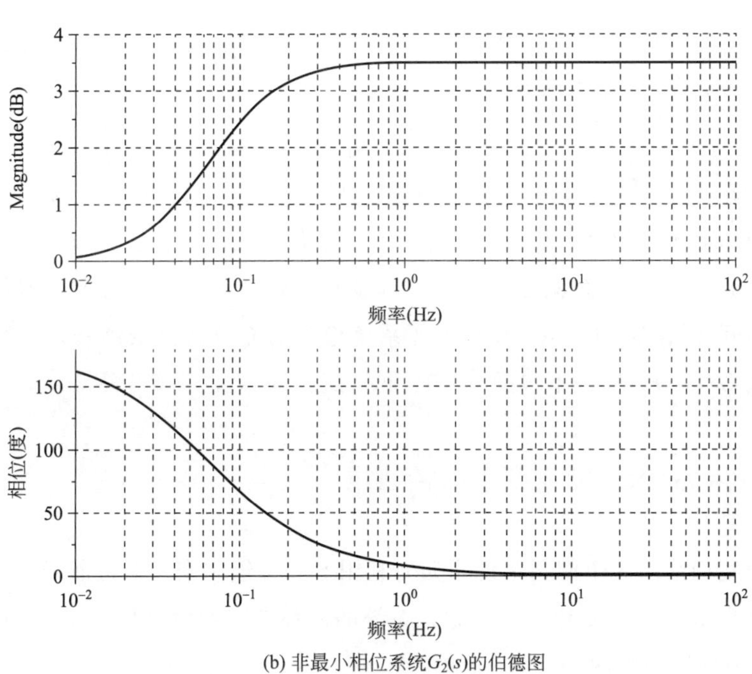

(b) 非最小相位系统$G_2(s)$的伯德图

图 6-6 **例 6-7 的执行结果**

角由 180°变化到 90°，而分母的部分$\frac{1}{1+\mathrm{j}2\omega}$的相角由 0°变化到－90°，故 $G_2(\mathrm{j}\omega)$的相角由 180°变化到 0°，它的相角变化幅度要大于最小相位系统。

6.5 Scilab 中的奈奎斯特稳定判据

我们已经知道闭环控制系统稳定的充分必要条件是其特征方程的全部的根（闭环极点）都具有负实部，即都位于 s 平面的左半部。5.3 节介绍的劳斯稳定判据是一种代数判据法，它是根据特征根和特征方程系数的关系判断系统的稳定性。本节介绍另一种重要并且实用的方法，即奈奎斯特稳定判据。它是频域分析法，这种方法可以根据系统的开环频率特性来判断闭环系统的稳定性及其稳定程度。

6.5.1 奈奎斯特稳定判据

这里不加证明地给出奈奎斯特稳定判据（简称奈氏判据）：已知系统的开环传递函数中位于 s 右半平面的开环极点个数为 P。当 ω 从$-\infty$变化到$+\infty$时，从系统的开环频率特性曲线 $G(\mathrm{j}\omega)H(\mathrm{j}\omega)$ 可以知道该曲线按逆时针包围（－1，j0）点 N 周。那么就可以计算出闭环系统位于 s 右半平面的极点个数 $Z=P-N$。

我们知道闭环控制系统稳定的充分必要条件就是闭环传递函数在 s 右半平面的极点个数 $Z=0$，那么就必须 $P=N$。显然，如果开环系统稳定，即位于 s 右半平面的开环极点数 $P=0$，那么闭环系统稳定的充分必要条件就是系统的开环频率特性 $G(\mathrm{j}\omega)H(\mathrm{j}\omega)$ 不包围（－1，j0）点，即 N 也要等于零。

6.5.2 用 Scilab 绘制奈奎斯特曲线

下面我们给出 3 个例题来说明如何利用 Scilab 绘制奈奎斯特曲线。奈奎斯特曲线就是当 ω 从$-\infty$变化到$+\infty$时，系统的开环频率特性曲线 $G(\mathrm{j}\omega)H(\mathrm{j}\omega)$，即 6.3.1 节中的极坐标图。

例 6-8 设单位负反馈系统的开环传递函数为 $G(s)H(s)=\frac{K}{s(2s+1)}$，绘制 $K=1$

时的奈奎斯特曲线并分析闭环系统的稳定性。

```
//例 6-8,已知单位负反馈系统的开环传递函数,绘制它的奈奎斯特曲线
s=%s;
k=1;
GH=k/(2*s^2+s);
sys=syslin("c",GH);
xset("window",1);clf();
nyquist(sys)    //绘制奈奎斯特曲线的函数
a=gca();
a.x_location="origin";
a.y_location="origin";
```

程序的执行结果如图 6-7 所示，其中图 6-7(a) 是完整的奈奎斯特曲线，图 6-7(b) 是奈奎斯特曲线在（-1，j0）点附近的放大图。

因为开环传递函数 $G(s)H(s)=\dfrac{K}{s(2s+1)}$ 没有开环右极点（即 $P=0$），从图 6-7(b) 也可以看出奈奎斯特曲线并不包围（-1，j0）点（即 $N=0$），所以该系统的闭环右极点数 $Z=P-N=0$，即该系统是稳定的。

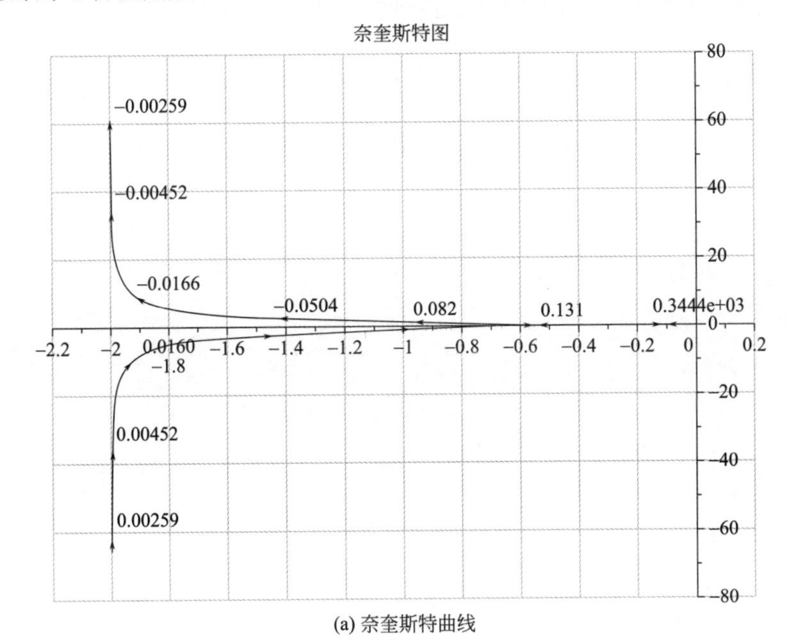

(a) 奈奎斯特曲线

图 6-7

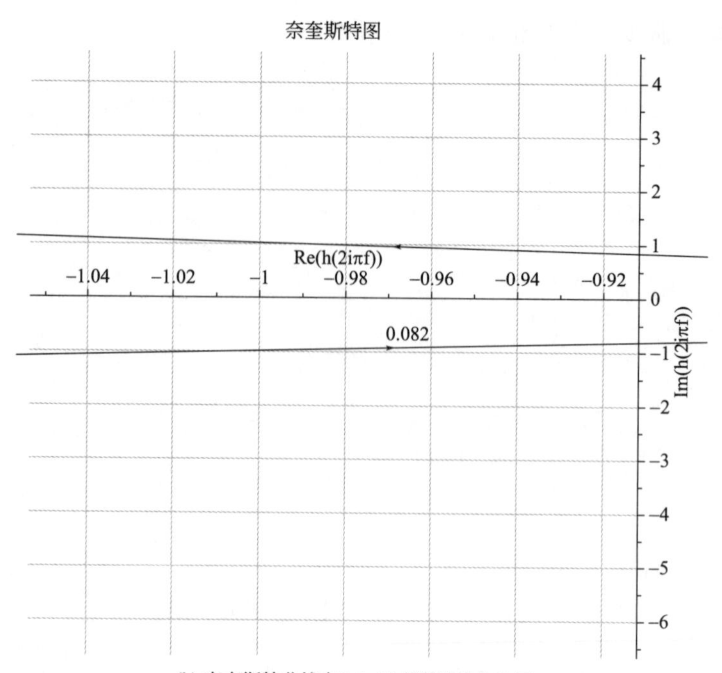

(b) 奈奎斯特曲线在(−1, j0)点附近的放大图

图 6-7 **例 6-8的执行结果**

例 6-9 设单位负反馈系统的开环传递函数为 $G(s)H(s)=\dfrac{K(s+10)}{(s+1)(s^2+2s+4)}$，绘制 $K=1$ 和 $K=10$ 的奈奎斯特曲线并分析闭环系统的稳定性。

```
//例 6-9,已知单位负反馈系统的开环传递函数,绘制它的奈奎斯特曲线
s=%s;
k1=1;k2=10;
GH1=k1*(s+10)/((s+1)*(s^2+2*s+4));
GH2=k2*(s+10)/((s+1)*(s^2+2*s+4));
sys1=syslin("c",GH1);
sys2=syslin("c",GH2);
//
xset("window",1);clf();
nyquist(sys1); //绘制奈奎斯特曲线
a=gca();
a.x_location="origin";
a.y_location="origin";
```

```
//
xset("window",2);clf();
nyquist(sys2)
a=gca();
a.x_location="origin";
a.y_location="origin";
```

程序的执行结果如图 6-8 所示。

图 6-8(a) 和图 6-8(b) 看似一样，但请注意横纵坐标轴上的数值都是相差 10 倍的。可见例 6-9 中不同的 K 值直接影响了闭环系统的稳定性。虽然当 $K=1$ 和 $K=10$ 时开环系统的 s 平面右极点的个数均为 $P=0$，但随着 K 值的变化却导致了奈奎斯特曲线按逆时针包围（-1，j0）点的圈数 N 发生了改变，从而使得系统的稳定性发生变化。

当 $K=1$ 时，奈奎斯特曲线没有包围（-1，j0）点，所以系统是稳定的。

当 $K=10$ 时，奈奎斯特曲线顺时针包围了（-1，j0）2 次，所以 $N=-2$（逆时针包围的圈数为正），系统是不稳定的。又因为 $Z=P-N=0-(-2)=2$，所以系统有两个闭环极点在 s 的右半平面。

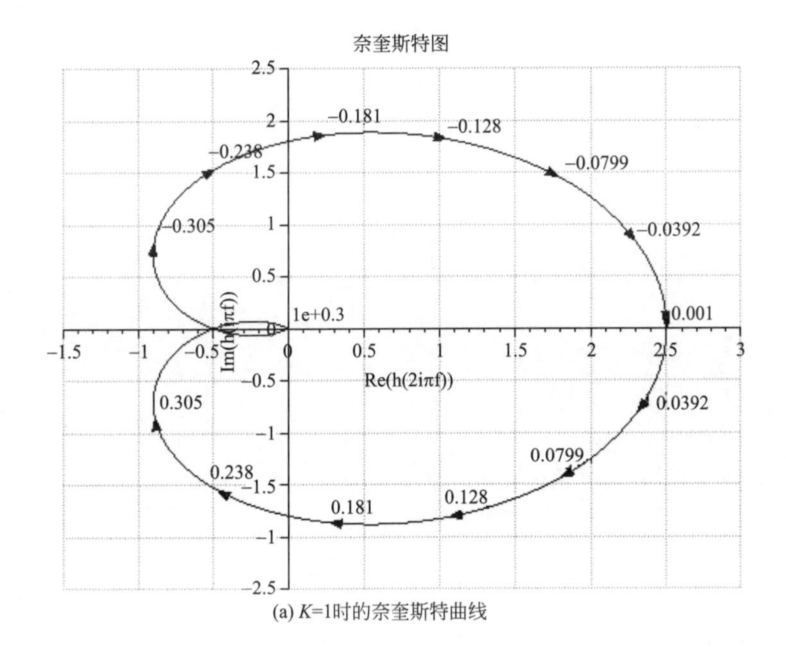

(a) K=1时的奈奎斯特曲线

图 6-8

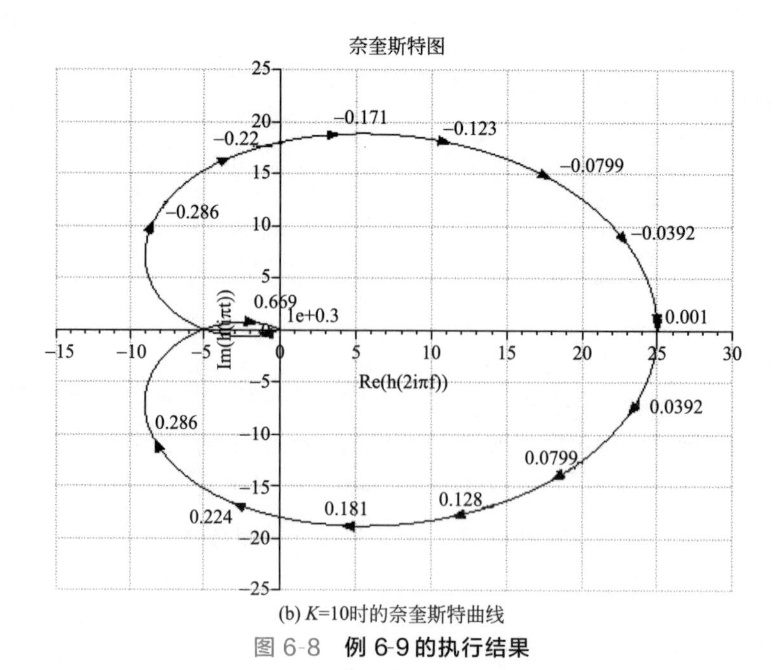

(b) K=10时的奈奎斯特曲线

图 6-8 **例 6-9 的执行结果**

例 6-10 设单位负反馈系统的开环传递函数为 $G(s)H(s)=\dfrac{K}{s(10s+1)(20s+1)}$，绘制 $K=0.05$，$K=0.15$ 和 $K=5$ 的奈奎斯特曲线并分析闭环系统的稳定性。

```
//例 6-10,已知单位负反馈系统的开环传递函数,绘制它的奈奎斯特曲线
s=%s;
k1=0.05;k2=0.15;k3=5;
GH1=k1/(s*(10*s+1)*(20*s+1));
GH2=k2/(s*(10*s+1)*(20*s+1));
GH3=k3/(s*(10*s+1)*(20*s+1));
sys1=syslin("c",GH1);
sys2=syslin("c",GH2);
sys3=syslin("c",GH3);
//
xset("window",1);clf();
nyquist(sys1);  //绘制奈奎斯特曲线的函数
xset("window",2);clf();
nyquist(sys2)
xset("window",3);clf();
nyquist(sys3);
```

程序的执行结果如图 6-9 所示。因为开环传函 $G(s)H(s)=\dfrac{K}{s(10s+1)(20s+1)}$ 无右极点，所以 $P=0$。

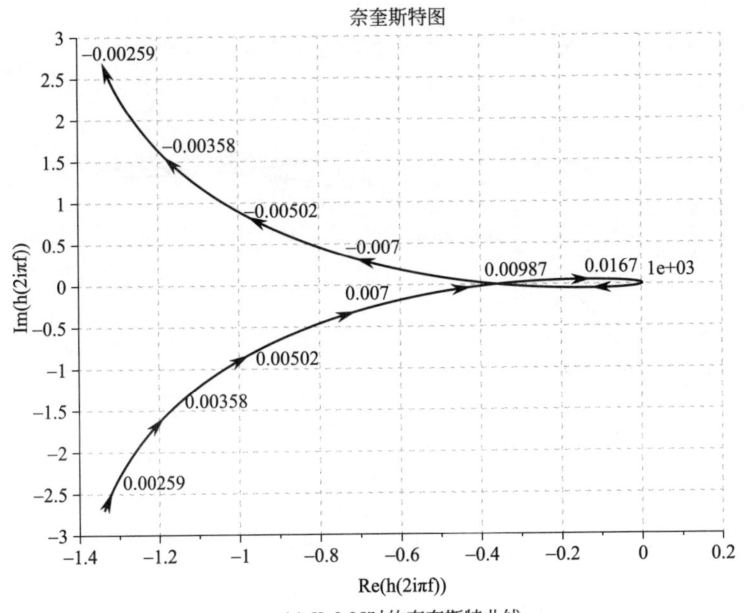

(a) K=0.05时的奈奎斯特曲线

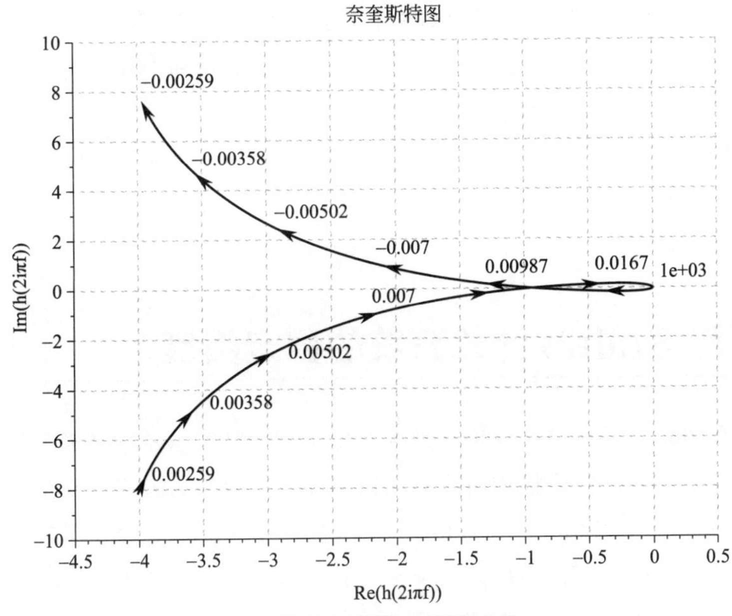

(b) K=0.15时的奈奎斯特曲线

图 6-9

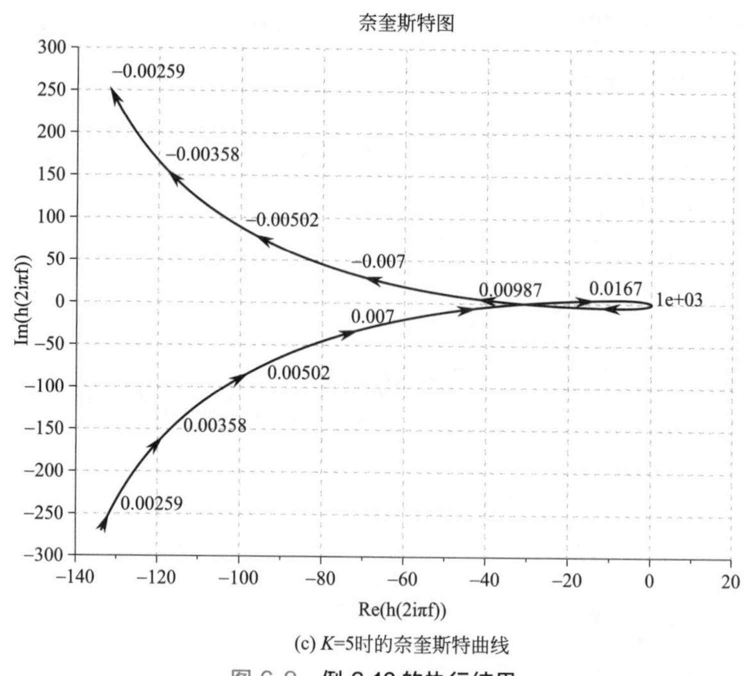

(c) K=5时的奈奎斯特曲线

图6-9 例6-10的执行结果

① 当 $K=0.05$ 时，如图6-9(a) 所示的奈奎斯特曲线并未包围（-1，j0）点，所以 $N=0$。得到闭环传递函数中右极点个数 $Z=P-N=0$，系统稳定。

② 当 $K=0.15$ 时，如图6-9(b) 所示的奈奎斯特曲线正好穿过（-1，j0）点，系统正处于临界稳定状态。

③ 当 $K=5$ 时，如图6-9(c) 所示的奈奎斯特曲线包围（-1，j0）点，所以 $N\neq 0$。因此闭环传递函数中的右极点个数 $Z=P-N$ 也不等于零，所以系统不稳定。

6.6 用Scilab计算系统的稳定裕度

前面利用奈奎斯特曲线分析了系统的稳定性。其实系统开环频率特性的奈奎斯特图（亦称极坐标图或幅相曲线）和伯德图之间存在着一定的对应关系。

奈奎斯特图上 $|G(j\omega)H(j\omega)|=1$ 的单位圆与伯德图中对数幅频特性的零分贝线相对应（$20\lg|G(j\omega)H(j\omega)|=20\lg 1=0$），而奈奎斯特图中单位圆以外（$|G(j\omega)H(j\omega)|>1$）的区域对应伯德图中对数幅频特性零分贝线以上（$20\lg|G(j\omega)H(j\omega)|>0$）。奈奎斯特图上的负实轴对应伯德图上相频特性的 $-\pi$ 线。

下面我们再利用伯德图来分析一下系统的稳定裕度，包括相角裕度和幅值裕度。

相角裕度：在频率特性上对应于幅值 $|G(j\omega)H(j\omega)|=1$ 的角频率被称为截止频率 ω_c（或称剪切频率）。在 ω_c 处，使系统达到临界稳定状态所要附加的相角滞后量称为相角裕度，以 γ 表示。

$$\gamma=180^\circ+\varphi(\omega_c) \tag{6-13}$$

式中，$\varphi(\omega_c)$ 为开环相频特性在 ω_c 处的相角。

幅值裕度：在频率特性上对应于相角 $\varphi(\omega)=-\pi$ 处的角频率称为相角穿越频率 ω_g，该频率下开环幅频特性的倒数 $\frac{1}{|G(j\omega_g)H(j\omega_g)|}$ 称为幅值裕度，也称为增益裕度，以 K_g 表示。即

$$K_g=\frac{1}{|G(j\omega_g)H(j\omega_g)|} \tag{6-14}$$

幅值裕度是一个系数，表示若系统的开环增益增加 K_g 倍，则开环频率特性曲线将正好穿过（-1，j0）点，闭环系统达到临界稳定状态。在伯德图上，幅值裕度用分贝数来表示：

$$20\lg K_g=20\lg\frac{1}{|G(j\omega_g)H(j\omega_g)|}=-20\lg|G(j\omega_g)H(j\omega_g)|\,\text{dB} \tag{6-15}$$

对于一个稳定的最小相位系统，其相角裕度应为正值，幅值裕度应大于 1（或大于 0 分贝）。

例 6-11 控制系统的开环传递函数为 $G(s)H(s)=\frac{10}{s(0.2s+1)(0.02s+1)}$，利用 Scilab 编程绘制伯德图并求出相角裕度和幅值裕度。

```
//例 6-11,绘制伯德图并求出相角裕度和幅值裕度
s=%s;
GH=10/(s*(0.2*s+1)*(0.02*s+1));
sys=syslin("c",GH);
clf();
bode(sys,0.01,10);      //绘制伯德图
phm=p_margin(sys)       //计算相角裕度
kgm=g_margin(sys)       //计算幅值裕度
```

程序的执行结果如图 6-10 所示。在 Scilab 的控制台窗口分别输入变量名 phm 和 kgm，就能够显示出相角裕度 phm＝31.712392（°），幅值裕度 kgm＝

14.807254(dB)。

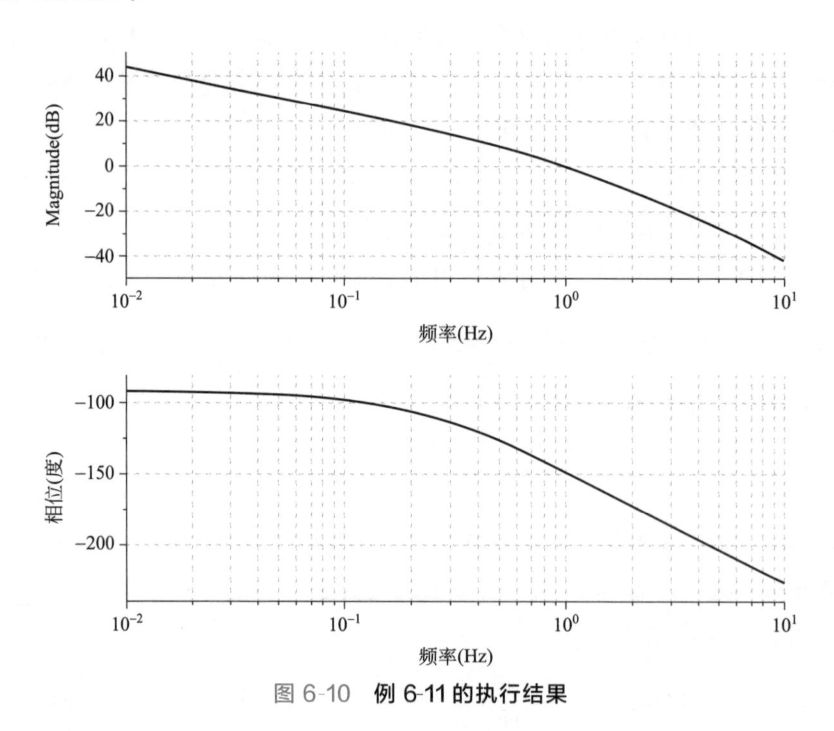

图 6-10 **例 6-11 的执行结果**

例 6-12 控制系统的开环传递函数为$G(s)H(s)=\frac{1}{s+1}$，利用Scilab编程绘制伯德图和奈奎斯特图并求出相角裕度和幅值裕度。

```
//例 6-12,绘制伯德图和奈奎斯特图并求出相角裕度和幅值裕度
s=%s;
GH=1/(s+1);
sys=syslin("c",GH);
phm=p_margin(sys)  //计算相角裕度
kgm=g_margin(sys)  //计算幅值裕度
xset("window",1);clf();bode(sys,0.01,10);  //绘制伯德图
xset("window",2);clf();nyquist(sys);       //绘制奈奎斯特图
a=gca();
a.x_location="origin";
a.y_location="origin";
```

程序的执行结果如图 6-11 所示。

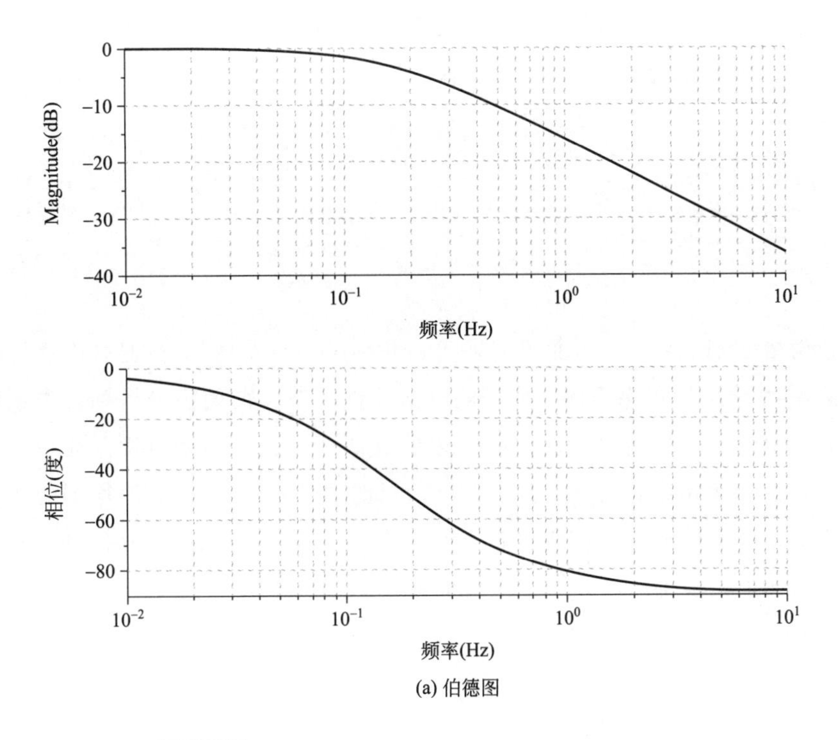

(a) 伯德图

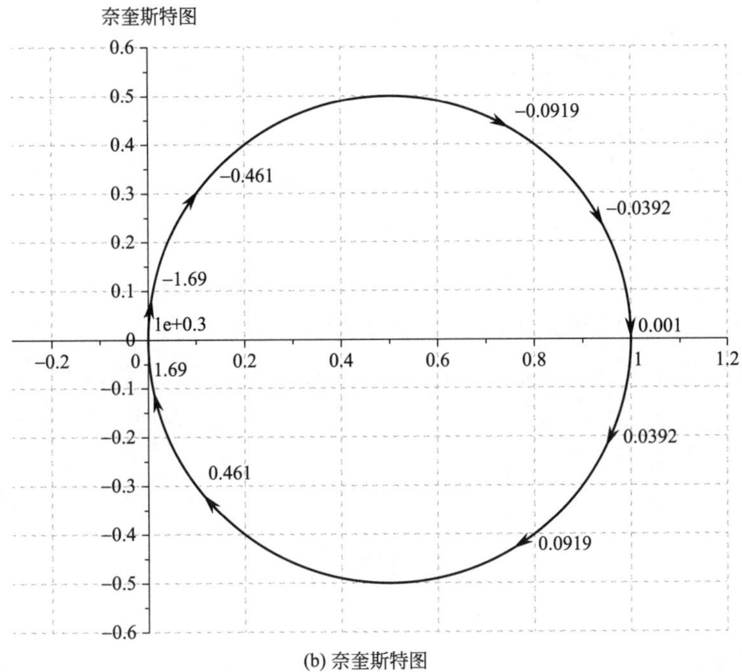

(b) 奈奎斯特图

图 6-11 例 6-12 的执行结果

当我们在Scilab的控制台窗口输入变量名phm和kgm时会发现系统的相角裕度phm与幅值裕度kgm的结果如下：

```
--> phm=
  []
--> kgm=
  Inf
```

相角裕度phm=［］，而幅值裕度kgm=Inf（无穷大），这是什么意思呢？

例6-12给出的传递函数是典型的一阶惯性环节，前面已经提到该类系统是稳定的。由伯德图的幅频特性曲线可以看到曲线并没有穿越0dB（其最大值为0dB)，因此相角裕度是无法计算的，所以只能用［］表示。而伯德图的相频特性曲线也显示出相角是从0°变化到−90°，因此永远不会到达−180°（$-\pi$）。那么无论幅值扩大多少倍，其奈奎斯特曲线都不会包围（−1，j0）点，所以幅值裕度也就是无穷大了。

6.7 本章小结

本章讨论了系统的频域分析，主要内容包括：

① 令传递函数中的$s=j\omega$，就得到了频率特性函数。

② 利用Scilab绘制典型环节的极坐标图（也叫幅相频率特性曲线）并分析。

③ 利用Scilab绘制典型环节的伯德图（也叫对数频率特性曲线）并分析。

④ 利用Scilab绘制奈奎斯特曲线并判断系统的稳定性。

⑤ 利用Scilab分析系统的稳定裕度，包括相角裕度和幅值裕度。

本章练习

1. 对于系统$G(s)=\dfrac{5}{3s+1}$，当输入为$r(t)=2\sin(5t+10^{\circ})$时求其输出$c(t)$。（参考第6.2节）

2. 编程绘制比例环节 $K=10$，积分环节 $G(s)=\frac{1}{s}$和$G(s)=\frac{2}{s}$，实际微分环节 $G(s)=\frac{3s}{2s+1}$，一阶惯性环节 $G(s)=\frac{1}{2s+1}$和二阶振荡环节 $G(s)=\frac{9}{s^2+4.2s+9}$的极坐标图。（参考第 6.3 节）

3. 编程绘制习题 2 中各环节的伯德图并分析它们的相位特性。（参考第 6.4 节）

4. 编程绘制习题 2 中比例环节、积分环节、一阶惯性环节串联后的 $G(s)=\frac{10}{s(2s+1)}$的伯德图并结合习题 3 的结果分析各环节串联后的总的伯德图与各环节伯德图中幅频与相频的关系。（参考第 6.4 节）

5. 已知单位负反馈系统的开环传递函数为 $G(s)=\frac{K}{s(s+1)(s+5)}$，绘制 $K=10$ 和 $K=50$ 的奈奎斯特曲线并分析系统的稳定性。（参考第 6.5 节）

6. 已知系统的开环传递函数为 $G(s)H(s)=\frac{4}{s^2(0.2s+1)}$，利用 Scilab 编程绘制伯德图并求出相角裕度和幅值裕度。（参考第 6.6 节）

随手记

第 7 章

Scilab中控制系统的状态空间表达式

前面各章节讲述的经典控制理论是建立在描述系统输入与输出关系的微分方程和传递函数基础之上的，它们只能描述系统的输入量和输出量之间的动态关系，称为外部模型。

与此不同，现代控制理论通常采用状态空间表达式作为系统的数学模型，直接用时域分析法分析和研究系统的动态特性。状态空间表达式是一阶微分方程，是将多个微分方程组合成一阶的向量-矩阵形式的微分方程。

应用向量-矩阵表示方法，可以极大地简化系统的数学表达式。状态变量、输入或输出数目的增多并不增加方程的复杂性。状态空间表达式描述了系统的输入与输出及其内部状态之间的关系，揭示了系统内部状态的运动规律，反映了控制系统动态特性的全部信息，所以称其为系统的内部模型。

7.1 现代控制理论基础

限于篇幅，本书不能详尽描述现代控制理论基础，相关内容请参阅书后提供的参考文献。但是对于书中涉及到的利用 Scilab 进行控制系统仿真与分析时必需的基本知识还是会给出解释说明的。

通过前几章我们已经知道，一个控制系统可以用输入-输出之间的微分方程和传递函数来描述。而通过转换，微分方程或传递函数都可以变换成如下形式的状态空间表达式。

$$\begin{cases}\dot{x}(t)=\boldsymbol{A}x(t)+\boldsymbol{B}u(t)\\ y(t)=\boldsymbol{C}x(t)+\boldsymbol{D}u(t)\end{cases} \tag{7-1}$$

式中，系统的输入为 $u(t)$，输出为 $y(t)$，$x(t)$ 和 $\dot{x}(t)$ 分别表示描述系统内部运动状态的状态变量及其一阶导数。式中的第一行是状态方程，它描述了输入 $u(t)$ 是如何引起状态 x 变化的。式中的第二行是输出方程，它描述由状态 x 变化所引起的输出 $y(t)$ 的变化，即输出对状态的反应能力。$\boldsymbol{A}$、$\boldsymbol{B}$、$\boldsymbol{C}$、$\boldsymbol{D}$ 分别为状态空间表达式中的系统矩阵、输入矩阵、输出矩阵和直联矩阵，根据系统的不同它们有可能不是矩阵而退化成向量或数值。对于线性定常系统，状态空间表达式中的各个系数都是常数，因此系数矩阵 $\boldsymbol{A}$、$\boldsymbol{B}$、$\boldsymbol{C}$、$\boldsymbol{D}$ 都是不包含 t 的函数。

下面先通过三个例题了解一下传递函数与状态空间模型之间的关系。

例 7-1 已知系统的传递函数为 $G(s)=\dfrac{4s+8}{s^3+8s^2+19s+12}$，求其状态空间实现（求出状态空间表达式中的系数 $\boldsymbol{A}$、$\boldsymbol{B}$、$\boldsymbol{C}$ 和 $\boldsymbol{D}$）。

```
//例 7-1,已知传递函数,求状态空间表达式。
s=%s;
num=4*s+8;den=s^3+8*s^2+19*s+12;//给出传递函数的分子和分母多项式
tf_sys=syslin("c",num,den)        //将多项式组合成传递函数
ss_sys=tf2ss(tf_sys)              //将传递函数转换成状态空间表达式
```

执行结果如图 7-1 所示，图中可见将传递函数 $G(s)$ 转换成状态空间表达式后，对应的系数矩阵分别为

$$\boldsymbol{A}=\begin{bmatrix}1 & 3 & 8.194D-16\\ -4.5 & -7.0555556 & -0.1571348\\ 0.5303301 & 4.9693893 & -1.9444444\end{bmatrix},$$

$$\boldsymbol{B}=\begin{bmatrix}0\\ -3.2659863\\ 1.1547005\end{bmatrix},$$

$$\boldsymbol{C}=\begin{bmatrix}-0.4082483 & 0 & 0\end{bmatrix},$$

$$\boldsymbol{D}=0$$

在矩阵 $\boldsymbol{A}$ 中，数值 $8.194\text{D}-16=8.194\times10^{-16}$，可以认为是零值。此外，将其余数值保留至小数点后第二位，转换后的状态空间模型为

```
--> ss_sys
 ss_sys =
 ss_sys(1)  (state-space system:)
  "lss"  "A"  "B"  "C"  "D"  "X0"  "dt"

 ss_sys(2)= A  matrix =
  1.           3.           8.194D-16
 -4.5         -7.0555556   -0.1571348
  0.5303301    4.9693893   -1.9444444

 ss_sys(3)= B  matrix =
  0.
 -3.2659863
  1.1547005

 ss_sys(4)= C  matrix =
 -0.4082483   0.   0.

 ss_sys(5)= D  matrix =
  0.
```

图 7-1　**例 7-1 的执行结果**

$$\begin{cases}\dot{\boldsymbol{x}}(t)=\begin{bmatrix}1 & 3 & 0\\ -4.5 & -7.06 & -0.16\\ 0.53 & 4.97 & -1.94\end{bmatrix}\boldsymbol{x}(t)+\begin{bmatrix}0\\ -3.27\\ 1.15\end{bmatrix}\boldsymbol{u}(t)\\ \boldsymbol{y}(t)=\begin{bmatrix}-0.41 & 0 & 0\end{bmatrix}\boldsymbol{x}(t)\end{cases}$$

例 7-2　已知系统的状态空间表达式为

$$\begin{cases}\begin{bmatrix}\dot{x}_1\\ \dot{x}_2\\ \dot{x}_3\end{bmatrix}=\begin{bmatrix}-1 & 0 & 0\\ 1 & -3 & 0\\ 0 & 1 & -4\end{bmatrix}\begin{bmatrix}x_1\\ x_2\\ x_3\end{bmatrix}+\begin{bmatrix}4\\ 0\\ 0\end{bmatrix}\boldsymbol{u}(t)\\ y(t)=\begin{bmatrix}0 & 1 & 2\end{bmatrix}\begin{bmatrix}x_1\\ x_2\\ x_3\end{bmatrix}\end{cases}$$

，求其对应的传递函数。

```
//例 7-2,已知系统的状态空间表达式,求传递函数
A=[-1 0 0;1-3 0;0 1-4];b=[4;0;0];c=[0 1-2];d=0;
ss_sys=syslin("c",A,b,c,d);//将各系数矩阵组合成状态空间方程
tf_sys=ss2tf(ss_sys)  //将状态空间方程转换成传递函数
```

运行上述程序后在 Scilab 的控制台窗口输入变量名 tf _ sys 并回车后即可显示出结果：

```
tf_sys=

  8+4s-3.553D-15s²
  ------------------
  12+19s+8s²+s³
```

数值$-3.553D-15=-3.1553\times10^{-15}$，可以认为是零值。所以转换后的传递函数为

$$G(s)=\frac{4s+8}{s^3+8s^2+19s+12}$$

例 7-3 已知系统的状态空间表达式为

$$\begin{cases}\begin{bmatrix}\dot{x}_1\\\dot{x}_2\\\dot{x}_3\end{bmatrix}=\begin{bmatrix}-1&0&0\\0&-3&0\\0&0&-4\end{bmatrix}\begin{bmatrix}x_1\\x_2\\x_3\end{bmatrix}+\begin{bmatrix}1\\1\\1\end{bmatrix}u(t)\\ y(t)=\begin{bmatrix}\frac{2}{3}&2&-\frac{8}{3}\end{bmatrix}\begin{bmatrix}x_1\\x_2\\x_3\end{bmatrix}\end{cases}$$

，求其对应的系统传递函数。

```
//例 7-3,已知系统的状态空间表达式,求传递函数
A=[-1 0 0;0-3 0;0 0-4];b=[1;1;1];c=[2/3 2-8/3];d=0;
ss_sys=syslin("c",A,b,c,d);
tf_sys=ss2tf(ss_sys)
```

运行上述程序后在 Scilab 的控制台窗口输入变量名 tf _ sys 并回车后显示出结果：

```
tf_sys=

  8+4s+4.737D-15s²
  ------------------
  12+19s+8s²+s³
```

数值 $4.737D-15=4.737\times10^{-15}$，可以认为是零值。所以转换后的传递函数为

$$G(s)=\frac{4s+8}{s^3+8s^2+19s+12}$$

在例 7-2 和例 7-3 中，我们是直接使用了 Scilab 的 ss2tf 函数将状态方程式转换为传递函数，那么这个函数到底是执行了什么计算呢？下面直接给出公式，具体的说明请参阅本书列出的文献。设系统的状态方程为式(7-1)，则系统的传递函数阵（如果系统为单输入单输出，则退化为单个的传递函数）为

$$G(s)=\boldsymbol{C}(s\boldsymbol{I}-\boldsymbol{A})^{-1}\boldsymbol{B} \tag{7-2}$$

式中，$\boldsymbol{I}$ 为单位对角阵 $\boldsymbol{I}=\begin{bmatrix}1 & & 0\\ & 1 & \\ & & \ddots & \\ 0 & & & 1\end{bmatrix}$，即主对角线元素是 1，其余元素均为零。

我们还发现了一个问题：虽然例 7-1、例 7-2 和例 7-3 的状态空间表达式是不同的，但是它们具有相同的传递函数。这是因为当系统确定后，它的输入与输出关系也唯一确定了，因此系统的传递函数就是唯一的。但是对同一个系统，其内部状态变量的选取方法多种多样、并不唯一，因而导致其状态空间模型也可以不同，即同一个系统的状态空间表达式不是唯一的。

那么虽然选取的同一个系统的状态变量不同会导致存在不同的状态空间表达式，但既然是针对同一个系统，这些模型之间肯定会存在一定的关系。我们不禁要问：同一系统不同形式的状态空间表达式之间是否可以相互转换呢？回答是肯定的，这就是状态空间模型的等价变换。关于这一问题我们将在本章 7.3 节中论述。

7.2 用 Scilab 求解状态空间方程

已知系统的状态空间表达式为式(7-1)，那么给定输入 $u(t)$ 之后如何求解输出 $y(t)$ 呢？在此我们以单输入单输出系统为例给出答案。既然输入 $u(t)$ 和输出 $y(t)$ 都是单一的，那么式(7-1) 中的系数矩阵 $\boldsymbol{B}$ 和 $\boldsymbol{C}$ 就退化成了向量形式。又因为工程实践中常有 $D=0$，所以式(7-1) 简化成

$$\begin{cases}\dot{x}(t)=\boldsymbol{A}x(t)+bu(t)\\ y(t)=cx(t)\end{cases} \tag{7-3}$$

首先求解方程

$$\dot{x}(t)=\mathbf{A}x(t)+bu(t) \tag{7-4}$$

得到其状态向量的解为

$$x(t)=\mathrm{e}^{A(t-t_0)}x(t_0)+\int_{t_0}^{t}\mathrm{e}^{A(t-\tau)}bu(\tau)\mathrm{d}\tau \tag{7-5}$$

其中 $x(t_0)$ 为系统各状态变量在 t_0 时刻的初始状态。进而可以得到

$$y(t)=cx(t)=c\mathrm{e}^{A(t-t_0)}x(t_0)+c\int_{t_0}^{t}\mathrm{e}^{A(t-\tau)}bu(\tau)\mathrm{d}\tau \tag{7-6}$$

式(7-6)看起来非常复杂，求解也好像很困难。我们可以把这个工作交给Scilab去做。

例 7-4 已知系统的状态空间表达式为

$$\begin{cases}\begin{bmatrix}\dot{x}_1\\ \dot{x}_2\end{bmatrix}=\begin{bmatrix}-1 & 0\\ 1 & -2\end{bmatrix}\begin{bmatrix}x_1\\ x_2\end{bmatrix}+\begin{bmatrix}0\\ 1\end{bmatrix}u(t)\\ y(t)=\begin{bmatrix}1 & 1\end{bmatrix}\begin{bmatrix}x_1\\ x_2\end{bmatrix}\end{cases}$$

，在单位阶跃输入 $u(t)=1(t)$ 下求其输出 $y(t)$。

```
//例 7-4,已知状态空间表达式,求单位阶跃响应
A=[-1 0;1 -2];b=[0;1];c=[1 1];d=0;x0=[1;0];
ss_sys=syslin('c',A,b,c,d);
tf_sys=ss2tf(ss_sys)      //由状态空间表达式转换成传递函数
t=0:0.01:10;
y=csim('step',t,ss_sys,x0);//连续时间系统的仿真,"step"指求阶跃输入
                                   相应
clf();
plot2d(t,y,rect=[0,0,10,1.2])
xtitle("阶跃响应","t[s]","y(t)")
```

运行结果如图7-2所示。

运行上述程序后在Scilab的控制台窗口输入变量名tf _ sys并回车后显示出结果：

```
tf_sys=
```

```
   1
 ----
  2+s
```

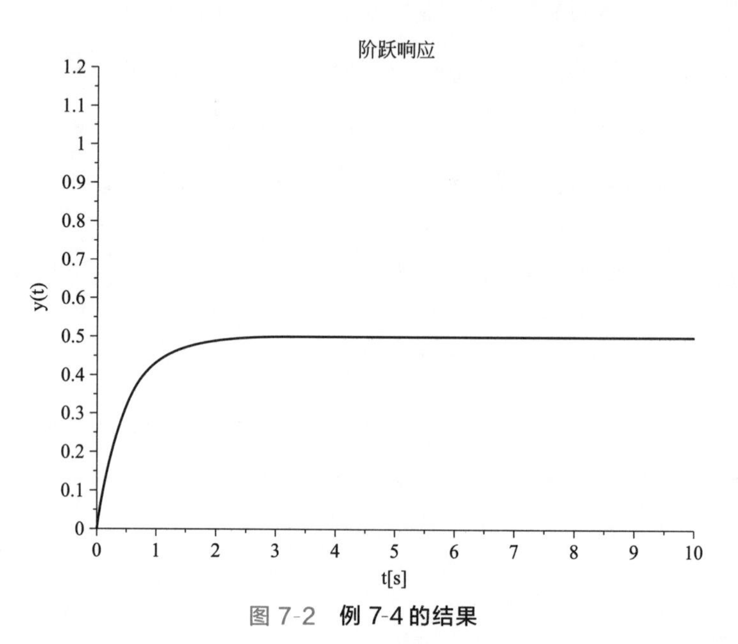

图 7-2 **例 7-4 的结果**

可见该系统的传递函数为 $G(s)=\dfrac{1}{2+s}=\dfrac{0.5}{0.5s+1}$，这是一个一阶系统。当输入为单位阶跃时其输出没有超调，并且输出的稳态值为 0.5。

例 7-5 已知系统的状态空间表达式为

$$\begin{cases}\begin{bmatrix}\dot{x}_1\\ \dot{x}_2\end{bmatrix}=\begin{bmatrix}0 & 4\\ -2.25 & -3\end{bmatrix}\begin{bmatrix}x_1\\ x_2\end{bmatrix}+\begin{bmatrix}0\\ 3\end{bmatrix}u(t)\\ y(t)=\begin{bmatrix}0.75 & 0\end{bmatrix}\begin{bmatrix}x_1\\ x_2\end{bmatrix}\end{cases}$$

，在单位阶跃输入 $u(t)=1(t)$ 下求其输出 $y(t)$。

```
//例 7-5,已知状态空间表达式,求单位阶跃响应
A=[0 4;-2.25-3];b=[0;3];c=[0.75 0];d=0;x0=[0;0];
ss_sys=syslin('c',A,b,c,d);
tf_sys=ss2tf(ss_sys)    //由状态空间表达式转换成传递函数
```

```
t=0:0.01:10;
y=csim('step',t,ss_sys,x0);//连续时间系统的仿真,"step"是指求阶跃函数
                          的响应
clf();
plot2d(t,y,rect=[0,0,10,1.3])
xtitle("阶跃响应","t [s]","y(t)")
```

运行结果如图 7-3 所示。

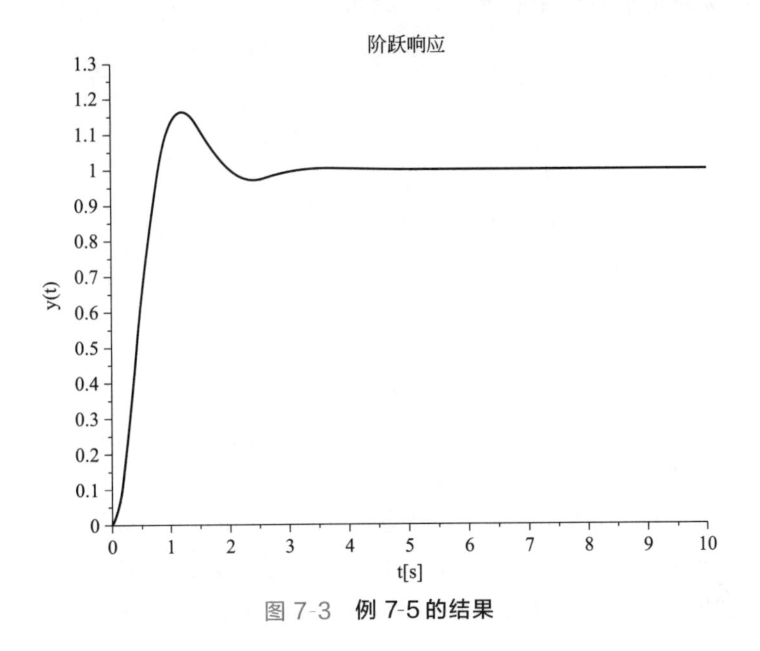

图 7-3　**例 7-5 的结果**

运行上述程序后在 Scilab 的控制台窗口输入变量名 tf _ sys 并回车后显示出结果：

```
tf_sys=

   9+3.331D-16s
   -------------
     9+3s+s^2
```

可见该系统的传递函数为 $G(s)=\dfrac{9+0s}{9+3s+s^2}=\dfrac{9}{s^2+3s+9}$，这是一个二阶系统。通过前面章节的学习可知其无阻尼振荡频率 $\omega_n=3$，阻尼比 $\xi=0.5$。因此当输入为单位阶跃时系统的输出如图 7-3 所示，既有超调又存在振荡。

7.3 用Scilab求解系统状态空间表达式的特征标准型

在本章7.1节的最后提到了同一系统不同形式的状态空间表达式之间是可以相互转换的，这就是状态空间模型的等价变换。我们在此详细地加以说明。

设一个系统的状态空间表达式为式(7-1)，其中矩阵 A 是 $n\times n$ 维的。现在取一个 $n\times n$ 维的非奇异变换矩阵 P，使得

$$x=P\widetilde{x} \tag{7-7}$$

则

$$\widetilde{x}=P^{-1}x \tag{7-8}$$

通过计算

$$\widetilde{A}=P^{-1}AP,\widetilde{B}=P^{-1}B,\widetilde{C}=CP,\widetilde{D}=D \tag{7-9}$$

得到一个新的状态空间表达式

$$\begin{cases}\dot{\widetilde{x}}=\widetilde{A}\widetilde{x}+\widetilde{B}u\\ y=\widetilde{C}\widetilde{x}+\widetilde{D}u\end{cases} \tag{7-10}$$

这个状态空间表达式是以 $\widetilde{x}$ 为状态变量的，系统的输入 $u(t)$ 和输出 $y(t)$ 不变。对于 n 阶状态空间模型，如果 x_1，x_2，…，x_n 与 $\widetilde{x}_1$，$\widetilde{x}_2$，…，$\widetilde{x}_n$ 是描述同一系统的两组不同状态变量，则两组状态变量之间存在着非奇异线性变换关系。状态向量 $\boldsymbol{x}$ 和 $\widetilde{\boldsymbol{x}}$ 的变换，被称为状态的线性变换或等价变换，如式(7-7)或式(7-8)。在进行状态的线性变换时，其状态空间表达式也要按照式(7-9)进行变换。

例7-6 已知系统的状态空间表达式为

$$\begin{cases}\begin{bmatrix}\dot{x}_1\\ \dot{x}_2\end{bmatrix}=\begin{bmatrix}1 & 2\\ -3 & -1\end{bmatrix}\begin{bmatrix}x_1\\ x_2\end{bmatrix}+\begin{bmatrix}1 & 0\\ 0 & 1\end{bmatrix}\begin{bmatrix}u_1\\ u_2\end{bmatrix}\\ y=\begin{bmatrix}1 & 2\end{bmatrix}\begin{bmatrix}x_1\\ x_2\end{bmatrix}\end{cases}$$

，利用状态变换矩阵 $P=\begin{bmatrix}-1 & 1\\ -1 & -1\end{bmatrix}$ 完成等价变换。

```
//例 7-6,完成状态空间表达式的等价变换
A=[1 2;-3 -1];B=[1 0;0 1];C=[1 2];D=[0 0];
P=[-1 1;-1 -1];        //状态变换矩阵
ss_sys=syslin('c',A,B,C,D);
```

```
tf_sys=ss2tf(ss_sys)//由原状态空间表达式推导出传递函数
P_inv=inv(P);//状态变换矩阵 P 求逆
A_new=P_inv * A * P;
B_new=P_inv * B;
C_new=C * P;
ss_sys_new=syslin('c',A_new,B_new,C_new,D)//新的状态空间表达式
tf_sys_new=ss2tf(ss_sys_new) //等价变换后新状态空间表达式推导出的传递
                              函数
```

说明

在程序中需要注意的是：因为系统的输入为 $\begin{bmatrix} u_1 \\ u_2 \end{bmatrix}$，所以程序第一行中的变量 $\boldsymbol{D}$ 并不是数值 0，应该是向量的形式 $\boldsymbol{D}=[0\ 0]$。

执行完上述程序之后在 Scilab 的控制台窗口输入变量名 ss _ sys _ new，就会列出新的状态空间表达式中 A、B、C、D 分别如下：

```
ss_sys_new(2)=A matrix=
  -0.5   1.5
  -3.5   0.5
```

```
ss_sys_new(3)=B matrix=
  -0.5   -0.5
  0.5   -0.5
```

```
ss_sys_new(4)=C matrix=

  -3.   -1.
```

```
ss_sys_new(5)=D matrix=

  0.   0.
```

在 Scilab 的控制台窗口分别输入变量名 tf _ sys 和 tf _ sys _ new 并回车就可以显示由已知的状态空间表达式和等价变换后的状态空间表达式计算出来的传递函数分别为

```
--> tf_sys
tf_sys=

         -5+1s                 3.553D-15+2s
 ------------------   ------------------
   5-1.110D-16s+s^2       5-1.110D-16s+s^2
```

```
--> tf_sys_new
 tf_sys_new=


      -5+1s                  1.066D-14+2s
-----------------   -----------------
  5-5.551D-17s+s^2        5-5.551D-17s+s^2
```

可见，由已知的状态空间表达式推导出的传递函数 tf _ sys 为

$$\frac{-5+s}{5-0s+s^2}\times\frac{0+2s}{5-0s+s^2}=\frac{2s(s-5)}{(s^2+5)^2}$$

由等价变换后的状态空间表达式计算出来的传递函数 tf _ sys _ new 为

$$\frac{-5+s}{5-0s+s^2}\times\frac{0+2s}{5-0s+s^2}=\frac{2s(s-5)}{(s^2+5)^2}$$

解出来的针对同一个系统的这两个传递函数是一样的。而且由于变换矩阵 $\boldsymbol{P}$ 是非奇异的，因此，状态空间表达式中的系统矩阵 $\boldsymbol{A}$ 与 $\widetilde{\boldsymbol{A}}=\boldsymbol{P}^{-1}\boldsymbol{AP}$ 是相似矩阵，而相似矩阵具有相同的基本特性，如行列式、秩、迹、特征多项式和特征值都是相同的。

下面通过一个例子再复习一下求取系统的特征值，此时应该比在本书第 3 章利用数学知识学习 Scilab 编程时对特征值有了更深的理解。

例 7-7 已知在例 7-6 中等价变换前后的系统矩阵分别为 $A=\begin{bmatrix}1 & 2\\-3 & -1\end{bmatrix}$ 和 $A\_new=\begin{bmatrix}-0.5 & 1.5\\-3.5 & 0.5\end{bmatrix}$，利用系统的特征方程 $|\lambda I-A|=0$ 求系统的特征根。

```
//例 7-7,已知状态空间表达式,求系统的特征根
s=%s;
A=[1 2;-3-1];A_new=[-0.5 1.5;-3.5 0.5];
fc=det(s*eye(A)-A);      //原系统的特征多项式
spec_A=roots(fc)         //原系统的特征值
fc_new=det(s*eye(A_new)-A_new);      //等价变换后的特征多项式
spec_A_new=roots(fc_new)             //等价变换后的特征值
```

执行该程序后即可看到等价变换前后的特征值 spec _ A 和 spec _ A _ new 是相等的。

求矩阵 $\boldsymbol{A}$ 的特征值还有以下两种方法，请读者自行尝试。

```
s=%s;
A=[1 2;-3-1];
roots(poly(A,"s"))        //求矩阵 A 特征值的第二种方法
spec(A)                   //求矩阵 A 特征值的第三种方法
```

既然经过等价变换之后并不影响系统的控制特性（特征多项式和特征值都是相同的），我们经常会将系统的某个状态空间表达式等价变换成一些标准形式，例如对角标准型和约当标准型，这样更方便对系统进行分析。

7.3.1 对角标准型

对于线性定常系统，若 $n\times n$ 矩阵 $\boldsymbol{A}$ 的特征值 λ_1，λ_2，…，λ_n 互异，即矩阵 $\boldsymbol{A}$ 的独立特征向量的个数等于 n，则必存在非奇异变换矩阵 $\boldsymbol{P}$，经过 $\boldsymbol{x}=\boldsymbol{P}\widetilde{\boldsymbol{x}}$ 或 $\widetilde{\boldsymbol{x}}=\boldsymbol{P}^{-1}\boldsymbol{x}$ 变换后，可将状态方程化为对角标准型，即

$$\dot{\widetilde{\boldsymbol{x}}}=\begin{bmatrix}\lambda_1 & & & 0\\ & \lambda_2 & & \\ & & \ddots & \\ 0 & & & \lambda_n\end{bmatrix}\widetilde{\boldsymbol{x}}+\widetilde{Bu} \tag{7-11}$$

将 $n\times n$ 矩阵 $\boldsymbol{A}$ 化为对角标准型 $\widetilde{\boldsymbol{A}}$ 的步骤如下：

① 计算 $\boldsymbol{A}$ 的特征值 λ_1，λ_2，…，λ_n 和对应于每个特征值的特征向量 $\boldsymbol{p}_1$，$\boldsymbol{p}_2$，…，$\boldsymbol{p}_n$；

② 用特征向量构造变换矩阵 $\boldsymbol{P}=[\boldsymbol{p}_1\quad \boldsymbol{p}_2\quad \cdots\quad \boldsymbol{p}_n]$；

③ 对状态空间表达式中的 $\boldsymbol{A}$、$\boldsymbol{B}$、$\boldsymbol{C}$、$\boldsymbol{D}$ 分别做式(7-12) 的运算，使 $\widetilde{A}$ 变成对角矩阵且系统保持等价。

$$\widetilde{\boldsymbol{A}}=\boldsymbol{P}^{-1}\boldsymbol{AP},\widetilde{\boldsymbol{B}}=\boldsymbol{P}^{-1}\boldsymbol{B},\widetilde{\boldsymbol{C}}=\boldsymbol{CP},\widetilde{\boldsymbol{D}}=\boldsymbol{D} \tag{7-12}$$

例 7-8 将状态空间表达式

$$\begin{cases}\begin{bmatrix}\dot{x}_1\\ \dot{x}_2\end{bmatrix}=\begin{bmatrix}0 & 1\\ -2 & -3\end{bmatrix}\begin{bmatrix}x_1\\ x_2\end{bmatrix}+\begin{bmatrix}1\\ 1\end{bmatrix}u\\ y=[1\quad 0]\begin{bmatrix}x_1\\ x_2\end{bmatrix}\end{cases}$$

化为对角标准型。

```
//例 7-8,将状态空间表达式中的系统矩阵 A 变为对角型
A=[0 1;-2-3];B= [1;1];C= [1 0];d= 0;
ss_sys=syslin('c',A,B,C,d);  //由各系数矩阵组合成原状态空间表达式
tf_sys=ss2tf(ss_sys)         //由原状态空间表达式求传递函数
//下面的 bdiag 函数求矩阵 A 的所有特征值构成的对角矩阵 V 和特征向量组成的
  矩阵 P
[V,P]=bdiag(A)
P_inv=inv(P);  //矩阵 P 求逆
A_new=P_inv*A*P
B_new=P_inv*B
C_new=C*P
ss_sys_new=syslin('c',A_new,B_new,C_new,d);  //等价变换后的新状态空
                                                间表达式
tf_sys_new=ss2tf(ss_sys_new)  //由新状态空间表达式求出的传递函数
```

在上述程序中，函数 bdiag 是最重要的。它的作用是求取矩阵中所有的特征值及其对应的特征向量。[V，P]＝bdiag(A) 的意思就是：求出矩阵 A 中所有的特征值并排列成对角线的形式赋值给矩阵 $\boldsymbol{V}$。同时对应每一个特征值的特征向量也按顺序排列组合成矩阵 $\boldsymbol{P}$。

事实上，矩阵 $\boldsymbol{V}$ 就是要转换成对角标准型中的矩阵 $\widetilde{\boldsymbol{A}}$，因此以上程序中的矩阵 A _ new 和 V 的值应该是相等的。而矩阵 $\boldsymbol{P}$ 就是我们要求的转换矩阵。

在执行程序后可以通过结果加以验证。对于等价变换之前的原状态空间方程式对应的传递函数 tf _ sys 以及由特征值组成的对角型矩阵 $\boldsymbol{V}$（即对角标准型中的矩阵 $\widetilde{\boldsymbol{A}}$)、特征值对应的各特征向量组合成的矩阵 $\boldsymbol{P}$（即转换矩阵）分别为

```
tf_sys=

     4+s
  ---------
   2+3s+s^2
```

```
V=

  -1.   0.
   0.  -2.
```

```
P=

   0.7071068   -1.4142136
  -0.7071068    2.8284271
```

经过等价变换之后，新的系数矩阵 A _ new、B _ new 和 C _ new 分别为（d 不变）：

```
A_new=

-1.          1.332D-15
2.220D-16  -2.
```

```
B_new=

4.2426407
1.4142136
```

```
C_new=

0.7071068  -1.4142136
```

可见，矩阵 $\boldsymbol{A}$ _ new（即对角标准型中的矩阵 $\widetilde{\boldsymbol{A}}$）与矩阵 $\boldsymbol{V}$ 是相等的（A _ new 中的两个非常小的元素值视为零）。因此，等价变换之后的对角标准型为

$$\begin{cases}\begin{bmatrix}\dot{x}_1\\ \dot{x}_2\end{bmatrix}=\begin{bmatrix}-1 & 0\\ 0 & -2\end{bmatrix}\begin{bmatrix}x_1\\ x_2\end{bmatrix}+\begin{bmatrix}4.24\\ 1.41\end{bmatrix}u\\ y=\begin{bmatrix}0.71 & -1.41\end{bmatrix}\begin{bmatrix}x_1\\ x_2\end{bmatrix}\end{cases}$$

其对应的传递函数为

```
tf_sys_new=

     4+1s
  ---------
   2+3s+s^2
```

该传递函数是与等价变换之前的传递函数一致的。

7.3.2 约当（Jordan）标准型

由前述内容知可，对于线性定常系统，若 $n\times n$ 矩阵 $\boldsymbol{A}$ 的特征值 λ_1，λ_2，…，λ_n 互异，可将状态空间方程化为对角标准型。而如果矩阵 $\boldsymbol{A}$ 的特征值不互异，即系统有重特征值，此时只要矩阵 $\boldsymbol{A}$ 的独立特征向量数等于 n，则矩阵 $\boldsymbol{A}$ 仍可以化为对角形矩阵 $\widetilde{\boldsymbol{A}}$。但是如果 $n\times n$ 矩阵 $\boldsymbol{A}$ 的独立特征向量数小于 n，那么经过线性变换后可将 $\boldsymbol{A}$ 化为约当标准型 $\boldsymbol{J}$。

约当标准型 $\boldsymbol{J}$ 是主对角线上为约当块的准对角形矩阵，即

$$\boldsymbol{J}=\boldsymbol{P}^{-1}\boldsymbol{A}\boldsymbol{P}=\begin{bmatrix}\boldsymbol{J}_1 & & & 0\\ & \boldsymbol{J}_2 & & \\ & & \ddots & \\ 0 & & & \boldsymbol{J}_n\end{bmatrix} \tag{7-13}$$

其中，由 m 重特征值 λ_i 构造的 $m\times m$ 矩阵块 $\boldsymbol{J}_i$ 称为 m 阶约当块，即

$$\boldsymbol{J}_i=\begin{bmatrix}\lambda_i & 1 & & 0\\ & \lambda_i & 1 & \\ & & \ddots & 1\\ 0 & & & \lambda_i\end{bmatrix}_{m\times m} \tag{7-14}$$

在式(7-14) 的 m 阶约当块中，主对角线上的元素均为 m 重的特征值 λ_i，主对角线上方的次对角线上的元素均为 1，其余的元素均为 0。

推导约当标准型的转化公式比较复杂，下面通过一个例题来说明。类似的问题可以参照该例题来处理。

例 7-9 将系统 $\begin{cases}\dot{x}(t)=\begin{bmatrix}0 & 2\\ -2 & 4\end{bmatrix}x(t)+\begin{bmatrix}1\\ 1\end{bmatrix}u(t)\\ y(t)=\begin{bmatrix}1 & 0\end{bmatrix}x(t)\end{cases}$ 转化为约当标准型。

解：

① 首先求矩阵 $\boldsymbol{A}=\begin{bmatrix}0 & 2\\ -2 & 4\end{bmatrix}$ 的特征值，

```
s=%s;
A=[0 2;-2 4];
fc=det(s*eye(A)-A)  //矩阵 A 的特征多项式|sI-A|
roots(fc)           //求出 fc 的特征值
```

得到 $fc=|s\boldsymbol{I}-\boldsymbol{A}|=4-4s+s^2=(s-2)^2$。因此特征值 $\lambda_1=\lambda_2=2$，两个特征值相等，是重根。

② 设特征向量 $\boldsymbol{p}_1=\begin{bmatrix}p_{11}\\ p_{12}\end{bmatrix}$，令

$$\boldsymbol{A}\boldsymbol{p}_1=\lambda_1\boldsymbol{p}_1 \tag{7-15}$$

得到

$$\begin{bmatrix}0 & 2\\ -2 & 4\end{bmatrix}\begin{bmatrix}p_{11}\\ p_{12}\end{bmatrix}=2\begin{bmatrix}p_{11}\\ p_{12}\end{bmatrix}\Rightarrow\boldsymbol{p}_1=\begin{bmatrix}p_{11}\\ p_{12}\end{bmatrix}=\begin{bmatrix}1\\ 1\end{bmatrix}$$

③ 再设 $\boldsymbol{p}_2=\begin{bmatrix}p_{21}\\ p_{22}\end{bmatrix}$，令

$$\boldsymbol{A}\boldsymbol{p}_2=\lambda_2\boldsymbol{p}_2+\boldsymbol{p}_1 \tag{7-16}$$

得到

$$\begin{bmatrix}0 & 2\\-2 & 4\end{bmatrix}\begin{bmatrix}p_{21}\\p_{22}\end{bmatrix}=2\begin{bmatrix}p_{21}\\p_{22}\end{bmatrix}+\begin{bmatrix}p_{11}\\p_{12}\end{bmatrix}\Rightarrow \boldsymbol{p}_2=\begin{bmatrix}p_{21}\\p_{22}\end{bmatrix}=\begin{bmatrix}1\\1.5\end{bmatrix}$$

④ 由此得到将矩阵 $\boldsymbol{A}$ 变化为约当标准型的变换矩阵 $\boldsymbol{P}$，

$$\boldsymbol{P}=[\boldsymbol{p}_1 \quad \boldsymbol{p}_2]=\begin{bmatrix}p_{11} & p_{21}\\p_{12} & p_{22}\end{bmatrix}=\begin{bmatrix}1 & 1\\1 & 1.5\end{bmatrix}$$

⑤ 得到变换矩阵 $\boldsymbol{P}$ 后，化成的约当标准型中 $\boldsymbol{J}=\boldsymbol{P}^{-1}\boldsymbol{AP}$，即

$$\boldsymbol{J}=\boldsymbol{P}^{-1}\boldsymbol{AP}=\begin{bmatrix}3 & -2\\-2 & 2\end{bmatrix}\begin{bmatrix}0 & 2\\-2 & 4\end{bmatrix}\begin{bmatrix}1 & 1\\1 & 1.5\end{bmatrix}=\begin{bmatrix}2 & 1\\0 & 2\end{bmatrix}$$

其中，求矩阵 $\boldsymbol{P}$ 的逆可以利用 Scilab 中的 inv(P) 函数。

⑥ 再利用以下公式求约当标准型中的系数矩阵（或向量）$\widetilde{B}$，$\widetilde{C}$，$\widetilde{D}$。

$$\widetilde{\boldsymbol{B}}=\boldsymbol{P}^{-1}\boldsymbol{B},\widetilde{\boldsymbol{C}}=\boldsymbol{CP},\widetilde{\boldsymbol{D}}=\boldsymbol{D}$$

7.4 本章小结

在现代控制理论中，状态空间表达式是描述系统的数学模型。系数矩阵 A、B、C、D，以及系统的特征值求解、与传递函数的互相转换、化为一些标准型等工作是后面利用现代控制理论对系统做分析和校正的基础。本章内容包括：

① 传递函数与状态空间模型之间的转换。

② 已知状态空间表达式，给定输入信号后求系统的输出。

③ 将状态方程化为对角标准型和约当（Jordan）标准型。

本章练习

1. 已知系统的传递函数为 $G(s)=\dfrac{5(s+1)}{s(s+2)(s+3)}$，求其状态空间实现（求出状态空间表达式中的系数 A、B、C 和 D）。（参考第 7.1 节中的例 7-1）

2. 已知系统的状态空间表达式为

$$\begin{cases}\begin{bmatrix}\dot{x}_1\\ \dot{x}_2\\ \dot{x}_3\end{bmatrix}=\begin{bmatrix}-1 & 0 & 1\\ 1 & -2 & 0\\ 0 & 1 & -4\end{bmatrix}\begin{bmatrix}x_1\\ x_2\\ x_3\end{bmatrix}+\begin{bmatrix}0\\ 0\\ 1\end{bmatrix}u(t)\\ y(t)=\begin{bmatrix}0 & 1 & 1\end{bmatrix}\begin{bmatrix}x_1\\ x_2\\ x_3\end{bmatrix}\end{cases}$$

，求其传递函数。（参考第7.1节中的例7-2）

3. 已知系统的状态空间表达式为

$$\begin{cases}\begin{bmatrix}\dot{x}_1\\ \dot{x}_2\\ \dot{x}_3\end{bmatrix}=\begin{bmatrix}-1 & 0 & 1\\ 1 & -2 & 0\\ 0 & 1 & -4\end{bmatrix}\begin{bmatrix}x_1\\ x_2\\ x_3\end{bmatrix}+\begin{bmatrix}0\\ 0\\ 1\end{bmatrix}u(t)\\ y(t)=\begin{bmatrix}0 & 1 & 1\end{bmatrix}\begin{bmatrix}x_1\\ x_2\\ x_3\end{bmatrix}\end{cases}$$

，在单位阶跃输入 $u(t)=1(t)$ 下求其输出 $y(t)$。（参考第7.2节）

4. 将状态空间表达式

$$\begin{cases}\begin{bmatrix}\dot{x}_1\\ \dot{x}_2\end{bmatrix}=\begin{bmatrix}0 & 1\\ -5 & -6\end{bmatrix}\begin{bmatrix}x_1\\ x_2\end{bmatrix}+\begin{bmatrix}1\\ 1\end{bmatrix}u\\ y=\begin{bmatrix}1 & 0\end{bmatrix}\begin{bmatrix}x_1\\ x_2\end{bmatrix}\end{cases}$$

化为对角标准型。（参考第7.3节中的例7-8）

5. 将系统

$$\begin{cases}\dot{x}(t)=\begin{bmatrix}0 & 3\\ -3 & 6\end{bmatrix}x(t)+\begin{bmatrix}0\\ 1\end{bmatrix}u(t)\\ y(t)=\begin{bmatrix}1 & 0\end{bmatrix}x(t)\end{cases}$$

转化为约当标准型。（参考第7.3节中的例7-9）

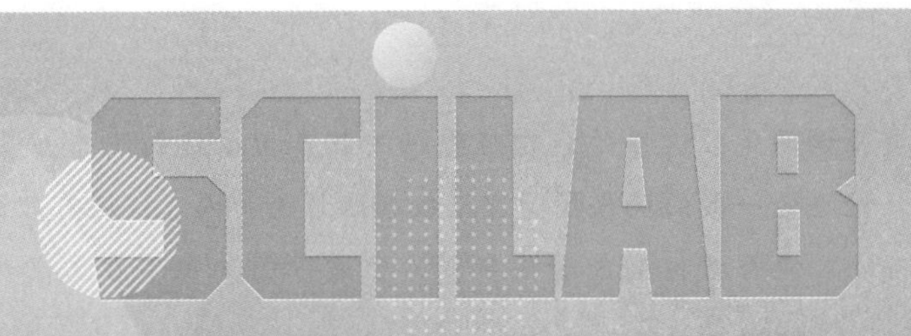

第 8 章

Scilab中控制系统的能控性与能观测性

本章介绍在现代控制中非常重要的两个概念：系统的能控性（Controllability）和能观测性（或简称能观性，Observability）。这两个概念是由卡尔曼于 1960 年初首先提出的，研究的是通过系统的状态方程来揭示系统的内部性质。

在经典控制理论中是用传递函数来描述系统的输入与输出之间的关系，系统的输出通常就是被控量。只要系统是稳定的，输出量便可以被控制，并且输出量总是可以被测量（观测）的，因此没有必要提出能控性和能观性的概念。

而现代控制理论是利用状态空间表达式来描述系统的。对于线性定常系统

$$\begin{cases}\dot{x}(t)=Ax(t)+bu(t)\\ y(t)=cx(t)\end{cases} \tag{8-1}$$

式中，第一行是状态方程，它描述了输入 $u(t)$ 是如何引起状态 x 变化的。而系统的能控性简而言之就是指输入对状态的控制能力，即通过系统的输入 $u(t)$ 能否“任意”控制系统的状态 x。因此，通过式(8-1) 第一行所示的状态方程，就可以判断系统的能控性。

与此对应，式(8-1) 的第二行是系统的输出方程，它描述由状态 x 变化所引起的输出 $y(t)$ 的变化，即输出对状态的反应能力。而系统的能观测性就是指通过观测系统的输出能否获知系统的状态 x。因此，通过式(8-1) 第二行所示的输出方程，就可以判断系统的能观测性。

说明

在此需要强调的是，这里的能控与能观测都是指系统的状态 x 能否被控制或者被观测，这也是一般的现代控制理论教材所讨论的内容。还有理论是在研究系统的输出 $y(t)$ 能否被控制或者被观测，但这方面知识不在本书讨论的范围之内。

8.1 系统的能控性判据

状态空间表达式是对系统的一种完全的描述，判别系统的能控性和能观测性的主要依据就是状态空间表达式。下面先用一个例子引出系统的能控性判据。

例 8-1 判断如下系统的能控性。

$$\begin{cases} \dot{x}(t)=\begin{bmatrix}1 & 0\\0 & -2\end{bmatrix}x(t)+\begin{bmatrix}1\\1\end{bmatrix}u(t) \\ y(t)=\begin{bmatrix}1 & 1\end{bmatrix}x(t)\end{cases} \tag{8-2}$$

解： 因为还没有给出判断系统能控性的判据，所以我们只能从分析系统的状态方程，即式(8-2) 的第一行 $\dot{x}(t)=\begin{bmatrix}1 & 0\\0 & -2\end{bmatrix}x(t)+\begin{bmatrix}1\\1\end{bmatrix}u(t)$ 出发。

式(8-2) 中，$\boldsymbol{A}=\begin{bmatrix}1 & 0\\0 & -2\end{bmatrix}$，$\boldsymbol{b}=\begin{bmatrix}1\\1\end{bmatrix}$，因此可得系统的状态方程

$$\begin{bmatrix}\dot{x}_1(t)\\\dot{x}_2(t)\end{bmatrix}=\begin{bmatrix}1 & 0\\0 & -2\end{bmatrix}\begin{bmatrix}x_1(t)\\x_2(t)\end{bmatrix}+\begin{bmatrix}1\\1\end{bmatrix}u(t)$$

即

$$\begin{cases}\dot{x}_1=x_1+u\\\dot{x}_2=-2x_2+u\end{cases}$$

从状态方程可见，状态变量 x_1 和 x_2 都受控于输入 u，所以该系统中的各状态变量 $\begin{bmatrix}x_1(t)\\x_2(t)\end{bmatrix}$ 都是能控的。

例 8-2 判断如下系统的能控性。

$$\begin{cases}\dot{x}(t)=\begin{bmatrix}1 & 0\\0 & -2\end{bmatrix}x(t)+\begin{bmatrix}0\\1\end{bmatrix}u(t)\\y(t)=\begin{bmatrix}1 & 0\end{bmatrix}x(t)\end{cases}\tag{8-3}$$

解： 式中 $\boldsymbol{A}=\begin{bmatrix}1 & 0\\0 & -2\end{bmatrix}$，$\boldsymbol{b}=\begin{bmatrix}0\\1\end{bmatrix}$，可得系统的状态方程

$$\begin{bmatrix}\dot{x}_1(t)\\\dot{x}_2(t)\end{bmatrix}=\begin{bmatrix}1 & 0\\0 & -2\end{bmatrix}\begin{bmatrix}x_1(t)\\x_2(t)\end{bmatrix}+\begin{bmatrix}0\\1\end{bmatrix}u(t)$$

即

$$\begin{cases}\dot{x}_1=x_1\\\dot{x}_2=-2x_2+u\end{cases}$$

从状态方程可见，状态变量 x_1 不能受控于输入 u，所以该系统是不能控的。

从上面的两个例题可以看出，系统的状态能控性与否是与输入 u 相关的，但是与输出 y 无关。因此，判断系统的能控性只需要考虑状态空间表达式中的 $\boldsymbol{A}$ 和 b。

在此不加证明地给出 n 阶线性系统的状态能控性判据：由 $\boldsymbol{A}(n\times n)$ 和 b 构成的如下所示的能控性判别矩阵 $\boldsymbol{U}_c$ 满秩，即

$$\boldsymbol{U}_c=[b \quad Ab \quad \cdots \quad A^{n-1}b]，且\ \mathbf{rank}\boldsymbol{U}_c=n\tag{8-4}$$

则系统的状态能控，否则就不能控。

8.1.1 Scilab 中的能控性分析

根据给出的状态能控性判据，利用 Scilab 编程分析系统的能控性。

例 8-3 利用状态能控性判据分析例 8-1 所示系统的能控性。

解： 例 8-1 所示系统的状态方程为 $\begin{bmatrix}\dot{x}_1(t)\\\dot{x}_2(t)\end{bmatrix}=\begin{bmatrix}1 & 0\\0 & -2\end{bmatrix}\begin{bmatrix}x_1(t)\\x_2(t)\end{bmatrix}+\begin{bmatrix}1\\1\end{bmatrix}u(t)$。根据状态能控性判据公式(8-4)，编程如下。

```
//例 8-3,判断系统的能控性
s=%s;
A=[1 0;0-2];b=[1;1];
Uc=cont_mat(A,b)     //函数 cont_mat 用于求解能控性判别矩阵 Uc
rank_Uc=rank(Uc)     //求矩阵 Uc 的秩
```

执行以上 Scilab 程序后分别得到能控性判别矩阵 $\boldsymbol{U}_c$ 及其秩：

```
Uc=


 1.  1.
 1. -2.
```

```
rank_Uc=


 2.
```

可见，能控性判别矩阵 $\boldsymbol{U}_c$ 满秩，即系统是能控的。

例 8-4 利用状态能控性判据分析例 8-2 所示系统的能控性。

解： 例 8-2 所示系统的状态方程为 $\begin{bmatrix}\dot{x}_1(t)\\ \dot{x}_2(t)\end{bmatrix}=\begin{bmatrix}1 & 0\\ 0 & -2\end{bmatrix}\begin{bmatrix}x_1(t)\\ x_2(t)\end{bmatrix}+\begin{bmatrix}0\\ 1\end{bmatrix}u(t)$。根据状态能控性判据式(8-4)，编程如下。

```
//例 8-4,判断系统的能控性
s=%s;
A=[1 0;0 -2];b=[0;1];
Uc=cont_mat(A,b)     //求解能控性判别矩阵 Uc
rank_Uc=rank(Uc)     //求矩阵 Uc 的秩
```

请您根据 Scilab 程序的执行结果自行判断并分析系统的能控性。事实上，该系统的矩阵 $\boldsymbol{A}$ 是 2×2 的，所以 $n=2$。由程序的执行结果可以看到，因为矩阵 $\boldsymbol{U}_c$ 的秩等于 $1(<n)$，所以该系统的状态不能控。

8.1.2 状态能控性的标准型判据

当线性定常系统的系统矩阵 $\boldsymbol{A}$ 为对角标准型或约当标准型时（参看 7.3 节），可以依据状态方程中的系统矩阵 $\boldsymbol{A}$ 和输入矩阵 $\boldsymbol{b}$ 直观地判断系统的能控性。

（1）对角标准型

设线性定常系统

$$\dot{\boldsymbol{x}}=\boldsymbol{A}x+\boldsymbol{b}u \tag{8-5}$$

具有互不相同的实数特征值（这个前提非常重要），则其状态完全能控的充分必要条件是系统经非奇异变换后的对角标准型为

$$\dot{\tilde{x}}=\begin{bmatrix}\lambda_1 & & & 0\\ & \lambda_2 & & \\ & & \ddots & \\ 0 & & & \lambda_n\end{bmatrix}\tilde{x}+\tilde{\boldsymbol{b}}u \tag{8-6}$$

且式中的 $\tilde{\boldsymbol{b}}$ 不存在全零行。

例 8-5 判断例 7-8 所示系统的能控性。

解： 由例 7-8 的结果可知，系统变换成的对角标准型为

$$\begin{cases}\begin{bmatrix}\dot{x}_1\\ \dot{x}_2\end{bmatrix}=\begin{bmatrix}-1 & 0\\ 0 & -2\end{bmatrix}\begin{bmatrix}x_1\\ x_2\end{bmatrix}+\begin{bmatrix}4.24\\ 1.41\end{bmatrix}u\\ y=\begin{bmatrix}0.71 & -1.41\end{bmatrix}\begin{bmatrix}x_1\\ x_2\end{bmatrix}\end{cases}$$

因为 $\tilde{\boldsymbol{b}}=\begin{bmatrix}4.24\\ 1.41\end{bmatrix}$，不存在全零行，所以系统能控。

（2）约当（Jordan）标准型

若线性定常系统式(8-5) 具有重实数的特征值，且每一个重特征值只对应一个独立特征向量，则系统状态完全能控的充分必要条件是：在系统经非奇异变换后的约当标准型

$$\dot{\tilde{x}}=\begin{bmatrix}J_1 & & & 0\\ & J_2 & & \\ & & \ddots & \\ 0 & & & J_k\end{bmatrix}\tilde{x}+\tilde{\boldsymbol{b}}u \tag{8-7}$$

中，

① 输入矩阵 $\tilde{\boldsymbol{b}}$ 中具有相同特征值的每一个约当块 $\boldsymbol{J}_i$ $(i=1,2,\cdots,k)$ 的最后一行中，都没有全零行。

② $\tilde{\boldsymbol{b}}$ 阵中与互异特征值所对应的行不存在全零行。

（3）能控标准型（Controllable canonical form）

对于多变量系统，由于 n 个线性无关向量的选取不再唯一，所以将原系统变换为标准型时的表示方法也不再唯一。这里再给出一种变换方法，可以将任何一个状态能控系统转化为能控标准型。

设线性定常系统的状态空间表达式为式(8-1)，如果该系统能控，则存在一

个非奇异变换 $x(t)=P\tilde{x}(t)$，可以将原系统化为以下形式：

$$\begin{cases}\dot{\tilde{x}}(t)=\boldsymbol{A}_c\tilde{x}(t)+\boldsymbol{b}_c u(t)\\ y(t)=\boldsymbol{c}_c\tilde{x}(t)\end{cases} \tag{8-8}$$

其中 $\boldsymbol{A}_c=\boldsymbol{P}^{-1}\boldsymbol{AP}$，$\boldsymbol{b}_c=\boldsymbol{P}^{-1}\boldsymbol{b}$，$\boldsymbol{c}_c=\boldsymbol{cP}$，分别为以下形式

$$\boldsymbol{A}_c=\begin{bmatrix}0 & 1 & 0 & \cdots & 0\\ 0 & 0 & 1 & \cdots & 0\\ \vdots & \vdots & \vdots & & \vdots\\ 0 & 0 & 0 & \cdots & 1\\ -a_n & -a_{n-1} & -a_{n-2} & \cdots & -a_1\end{bmatrix},\boldsymbol{b}_c=\begin{bmatrix}0\\0\\ \vdots\\0\\1\end{bmatrix},c_c=\begin{bmatrix}c_1 & c_2 & \cdots & c_n\end{bmatrix} \tag{8-9}$$

则称式(8-8)为系统的能控标准型。在式(8-9)中，有如下两点说明：

① a_1，a_2，…，a_n 为系统特征多项式 $|s\boldsymbol{I}-\boldsymbol{A}|=s^n+a_1s^{n-1}+\cdots+a_{n-1}s+a_n$ 的系数。

② 变换矩阵

$$\boldsymbol{P}^{-1}=\begin{bmatrix}\boldsymbol{p}_1\\ \boldsymbol{p}_1\boldsymbol{A}\\ \vdots\\ \boldsymbol{p}_1\boldsymbol{A}^{n-1}\end{bmatrix} \tag{8-10}$$

式中，

$$\boldsymbol{p}_1=[0\cdots\ 0\ \ 1][\boldsymbol{b}\ \ \boldsymbol{Ab}\ \ \boldsymbol{A}^2\boldsymbol{b}\ \ \cdots\ \ \boldsymbol{A}^{n-1}\boldsymbol{b}]^{-1}=[0\ \ \cdots\ \ 0\ \ 1]\boldsymbol{U}_c^{-1} \tag{8-11}$$

矩阵 $\boldsymbol{U}_c$ 即为式(8-4)定义的能控性判别矩阵。

例 8-6 已知系统的状态空间表达式为

$$\begin{cases}\dot{\boldsymbol{x}}=\begin{bmatrix}1 & 0\\0 & 2\end{bmatrix}x+\begin{bmatrix}1\\1\end{bmatrix}u\\ y(t)=\begin{bmatrix}1 & 1\end{bmatrix}x(t)\end{cases}$$

判断系统的状态能控性。如系统能控，将状态空间表达式化为能控标准型。

解：

① 首先判断系统的能控性，Scilab 程序如下：

```
s=%s;
A=[1 0;0 2];b=[1;1];c=[1 1];d=0;
Uc=cont_mat(A,b)     //求解能控性判别矩阵 Uc
rank_Uc=rank(Uc)     //求矩阵 Uc 的秩
```

因为 $\boldsymbol{U}_c=[\boldsymbol{b}\quad \boldsymbol{Ab}]=\begin{bmatrix}1 & 1\\1 & 2\end{bmatrix}$，$\text{rank}\boldsymbol{U}_c=2$，因此系统是能控的。

② 求变换矩阵 $\boldsymbol{P}$：

```
Uc_1= inv(Uc);      //求 Uc 的逆矩阵
p1=[0 1]*Uc_1;      //求 p1
p1A=p1*A;           //求 p1A
P_1=[p1;p1A];       //求矩阵 P 的逆矩阵 P-1
P=inv(P_1);         //求矩阵 P
```

这一步的 Scilab 程序对应的计算结果如下：

$$\boldsymbol{U}_c^{-1}=\begin{bmatrix}2 & -1\\-1 & 1\end{bmatrix}$$

$$\boldsymbol{p}_1=[0\quad 1]\boldsymbol{U}_c^{-1}=[0\quad 1]\begin{bmatrix}2 & -1\\-1 & 1\end{bmatrix}=[-1\quad 1]$$

$$\boldsymbol{P}^{-1}=\begin{bmatrix}\boldsymbol{p}_1\\\boldsymbol{p}_1\boldsymbol{A}\\\vdots\\\boldsymbol{p}_1\boldsymbol{A}^{n-1}\end{bmatrix}=\begin{bmatrix}-1 & 1\\-1 & 2\end{bmatrix}$$

$$\boldsymbol{P}=\begin{bmatrix}-1 & 1\\-1 & 2\end{bmatrix}^{-1}=\begin{bmatrix}-2 & 1\\-1 & 1\end{bmatrix}$$

③ 化为能控标准型：

```
Ac=P_1*A*P;
bc=P_1*b;
cc=c*P;
```

这一步的 Scilab 程序对应的计算结果如下：

$$\boldsymbol{A}_c=\boldsymbol{P}^{-1}\boldsymbol{AP}=\begin{bmatrix}-1 & 1\\-1 & 2\end{bmatrix}\begin{bmatrix}1 & 0\\0 & 2\end{bmatrix}\begin{bmatrix}-2 & 1\\-1 & 1\end{bmatrix}=\begin{bmatrix}0 & 1\\-2 & 3\end{bmatrix}$$

$$\boldsymbol{b}_c=\boldsymbol{P}^{-1}\boldsymbol{b}=\begin{bmatrix}-1 & 1\\-1 & 2\end{bmatrix}\begin{bmatrix}1\\1\end{bmatrix}=\begin{bmatrix}0\\1\end{bmatrix}$$

$$\boldsymbol{c}_c=\boldsymbol{cP}=[1\quad 1]\begin{bmatrix}-2 & 1\\-1 & 1\end{bmatrix}=[-3\quad 2]$$

因此，原系统的能控标准型为：

$$\begin{cases}\dot{\tilde{x}}(t)=\begin{bmatrix}0 & 1\\-2 & 3\end{bmatrix}\tilde{x}(t)+\begin{bmatrix}0\\1\end{bmatrix}u(t)\\ y(t)=\begin{bmatrix}-3 & 2\end{bmatrix}\tilde{x}(t)\end{cases}$$

④ 作为验证，我们分别求原系统和转化为能控标准型后的传递函数。

```
ss_sys_old=syslin("c",A,b,c,d);
tf_sys_old=ss2tf(ss_sys_old)    //原系统的传递函数
ss_sys_new=syslin("c",Ac,bc,cc,d);
tf_sys_new=ss2tf(ss_sys_new)    //转换之后系统的传递函数
```

执行程序之后我们发现系统变换前后的传递函数没有变化，均为

$$G(s)=\frac{2s-3}{s^2-3s+2}$$

在上面的传递函数中，系统的特征多项式(即传递函数的分母）中 s 按照降幂顺序排列时的系数分别为1、−3、2。而转换后的系统矩阵 $\mathbf{A}_c$ 最后一行参数分别为−2、3。它们之间的对应关系如式(8-9)。也就是说，如果特征多项式中的系数为 a_1，a_2，…，a_n（除去 s 最高次幂的系数1)，那么将它们倒着排列并全部取相反数之后就是 $\mathbf{A}_c$ 的最后一行参数。

8.2 系统的能观测性判据

了解了系统的能控性及其判据之后，对于系统的能观测性也就非常容易理解了。系统的能观测性就是判断是否可以通过观测系统的输出 $y(t)$ 来获知系统的状态 x，即输出对状态的反应能力。

8.2.1 Scilab中的能观测性分析

还是通过两个例题来引出能观测性判据吧。

例8-7 判断例8-1所示系统的状态能观测性。

解：例8-1的状态空间表达式为$\begin{cases}\dot{x}(t)=\begin{bmatrix}1 & 0\\0 & -2\end{bmatrix}x(t)+\begin{bmatrix}1\\1\end{bmatrix}u(t)\\ y(t)=\begin{bmatrix}1 & 1\end{bmatrix}x(t)\end{cases}$。由前面的分析可知，系统的状态能观性是指能否通过观测系统的输出来获知系统的状态 x，

它是与系统的状态和输出有关的，而与输入无关。

因此，它是由系统的输出方程，即式(8-2)的第二行决定的。在式(8-2)中$\boldsymbol{c}=[1\quad 1]$，可得

$$y(t)=[1\quad 1]\begin{bmatrix}x_1(t)\\x_2(t)\end{bmatrix}=x_1(t)+x_2(t)$$

从输出方程可见，输出量$y(t)$是状态变量x_1和x_2的叠加，所以输出能反映出系统中各状态的变化，因此该系统中的各状态量都是能观测的。

例8-8 判断例8-2所示系统的状态能观测性。

解：例8-2的状态空间表达式为$\begin{cases}\dot{x}(t)=\begin{bmatrix}1&0\\0&-2\end{bmatrix}x(t)+\begin{bmatrix}0\\1\end{bmatrix}u(t)\\y(t)=[1\quad 0]x(t)\end{cases}$。式中$\boldsymbol{c}=[1\quad 0]$，可得

$$y(t)=[1\quad 0]\begin{bmatrix}x_1(t)\\x_2(t)\end{bmatrix}=x_1(t)$$

从输出方程可见，输出量$y(t)$只能反映出状态变量x_1的变化，因此该系统是不能观的（状态变量x_2不能观测）。

在此不加证明地给出线性定常系统式(8-1)的状态能观测性判据：由$\boldsymbol{A}(n\times n)$和$c$构成的如下所示的能观测性判别矩阵$\boldsymbol{V}$o满秩，即

$$\boldsymbol{V}\text{o}=\begin{bmatrix}c\\cA\\\vdots\\cA^{n-1}\end{bmatrix},\quad 且\ \text{rank}\boldsymbol{V}\text{o}=n \tag{8-12}$$

则系统的状态能观测，否则就不能观测。

例8-9 利用状态能观测性判据判断例8-1所示系统$\begin{cases}\dot{x}(t)=\begin{bmatrix}1&0\\0&-2\end{bmatrix}x(t)+\begin{bmatrix}1\\1\end{bmatrix}u(t)\\y(t)=[1\quad 1]x(t)\end{cases}$的能观测性。

```
//例 8-9,判断系统的能观测性
s=%s;
A=[1 0;0 - 2];b=[1;1];c=[1 1];
Vo=obsv_mat(A,c)     //函数 obsv_mat 是求解能观测性判别矩阵 Vo
rank_Vo=rank(Vo)     //求矩阵 Vo 的秩
```

执行以上 Scilab 程序后分别得到能观测性判别矩阵 **V**o 及其秩：

```
Vo=

  1.   1.
  1. -2.
```

```
rank_Vo=

  2.
```

可见，能观测性判别矩阵 **V**o 满秩，即系统是能观测的。

例 8-10 利用状态能观测性判据判断例 8-2 所示系统 $\begin{cases}\dot{x}(t)=\begin{bmatrix}1 & 0\\0 & -2\end{bmatrix}x(t)+\begin{bmatrix}0\\1\end{bmatrix}u(t)\\ y(t)=\begin{bmatrix}1 & 0\end{bmatrix}x(t)\end{cases}$ 的能观测性。

```
//例 8-10,判断系统的能观测性
s=%s;
A=[1 0;0-2];b=[0;1];c=[1 0];
Vo=obsv_mat(A,c)  //求解能观测性判别矩阵 Vo
rank_Vo=rank(Vo)  //求矩阵 Vo 的秩
```

执行以上 Scilab 程序后分别得到能观测性判别矩阵 **V**o 及其秩：

```
Vo=

  1.   0.
  1.   0.
```

```
rank_Vo=

  1.
```

可见，能观测性判别矩阵 **V**o 的秩等于 1，不满秩，所以系统是不能观测的。

8.2.2 状态能观测性的标准型判据

与系统的能控性类似，当线性定常系统的系统矩阵 **A** 为对角标准型或约当标准型时，判定系统的能观测性也有比较简便的直观性判据。

（1）对角标准型

设线性定常系统式(8-1) 具有互不相同的实特征值［这一点非常重要。如果有重根，那么只能根据状态能观测性判据，即式(8-12) 去判断］，则其系统完全

能观测的充分必要条件是：在系统经非奇异变换后的对角标准型

$$\begin{cases}\dot{\tilde{\boldsymbol{x}}}=\begin{bmatrix}\lambda_1 & & & 0\\ & \lambda_2 & & \\ & & \ddots & \\ 0 & & & \lambda_n\end{bmatrix}\tilde{\boldsymbol{x}}+\tilde{\boldsymbol{b}}u\\ y=\tilde{\boldsymbol{c}}x\end{cases}\tag{8-13}$$

中，$\tilde{c}$ 阵不存在全零列。

例 8-11 判断例 7-8 所示系统 $\begin{cases}\begin{bmatrix}\dot{x}_1\\ \dot{x}_2\end{bmatrix}=\begin{bmatrix}0 & 1\\ -2 & -3\end{bmatrix}\begin{bmatrix}x_1\\ x_2\end{bmatrix}+\begin{bmatrix}1\\ 1\end{bmatrix}u\\ y=\begin{bmatrix}1 & 0\end{bmatrix}\begin{bmatrix}x_1\\ x_2\end{bmatrix}\end{cases}$ 的能观测性。

解：由例 7-8 的结果可知，系统变换成的对角标准型为

$$\begin{cases}\begin{bmatrix}\dot{x}_1\\ \dot{x}_2\end{bmatrix}=\begin{bmatrix}-1 & 0\\ 0 & -2\end{bmatrix}\begin{bmatrix}x_1\\ x_2\end{bmatrix}+\begin{bmatrix}4.24\\ 1.41\end{bmatrix}u\\ y=\begin{bmatrix}0.71 & -1.41\end{bmatrix}\begin{bmatrix}x_1\\ x_2\end{bmatrix}\end{cases}$$

因为 $\boldsymbol{c}=[0.71 \quad -1.41]$，不存在全零列，所以系统能观测。

（2）约当（Jordan）标准型

若线性定常系统式(8-1) 具有重实特征值，且每一个重特征值只对应一个独立特征向量，则系统状态完全能观测的充分必要条件是：在系统经非奇异变换后的约当标准型

$$\begin{cases}\dot{\tilde{\boldsymbol{x}}}=\begin{bmatrix}J_1 & & & 0\\ & J_2 & & \\ & & \ddots & \\ 0 & & & J_k\end{bmatrix}\tilde{\boldsymbol{x}}+\tilde{\boldsymbol{b}}u\\ y=\tilde{\boldsymbol{c}}x\end{cases}\tag{8-14}$$

中，

① 输出矩阵 $\tilde{c}$ 中具有相同特征值的每一个约当块 $\boldsymbol{J}_i$（$i=1,2,\cdots,k$）的首列中，没有一列的元素全为零。

② $\tilde{c}$ 阵中与互异特征值所对应的列不存在全零列。

（3）能观测标准型

设系统的状态空间表达式为式(8-1)，如果系统能观测，则存在非奇异变换 $x(t)=T\tilde{x}(t)$，将系统变换为能观测标准型，即

$$\begin{cases}\dot{\tilde{x}}(t)=A_o\tilde{x}(t)+b_ou(t)\\ y(t)=c_o\tilde{x}(t)\end{cases} \tag{8-15}$$

式中，

$$A_o=T^{-1}AT=\begin{bmatrix}0 & \cdots & 0 & -a_n\\ 1 & \cdots & 0 & -a_{n-1}\\ \vdots & \ddots & \vdots & \vdots\\ 0 & \cdots & 1 & -a_1\end{bmatrix},b_o=T^{-1}b=\begin{bmatrix}b_1\\ b_2\\ \vdots\\ b_n\end{bmatrix},c_o=cT=\begin{bmatrix}0 & 0 & \cdots & 1\end{bmatrix} \tag{8-16}$$

其中：

① a_1，a_2，…，a_n 为系统特征多项式 $|sI-A|=s^n+a_1s^{n-1}+\cdots+a_{n-1}s+a_n$ 的系数。

② 变换矩阵

$$T=\begin{bmatrix}t_1 & At_1 & \cdots & A^{n-1}t_1\end{bmatrix} \tag{8-17}$$

式中，

$$t_1=\begin{bmatrix}c\\ cA\\ \vdots\\ cA^{n-1}\end{bmatrix}^{-1}\begin{bmatrix}0\\ 0\\ \vdots\\ 1\end{bmatrix}=\mathrm{Vo}^{-1}\begin{bmatrix}0\\ 0\\ \vdots\\ 1\end{bmatrix} \tag{8-18}$$

Vo 即为式(8-12) 定义的能观测性判别矩阵。

例 8-12 已知系统的状态空间表达式为（与例 8-6 相同）

$$\begin{cases}\dot{x}=\begin{bmatrix}1 & 0\\ 0 & 2\end{bmatrix}x+\begin{bmatrix}1\\ 1\end{bmatrix}u\\ y(t)=\begin{bmatrix}1 & 1\end{bmatrix}x(t)\end{cases}$$

判断系统的状态能观测性。如系统能观测，将状态空间表达式化为能观测标准型。

解：

① 首先判别系统的能观测性，Scilab 程序如下：

```
s=%s;
A=[1 0;0 2];b=[1;1];c=[1 1];d=0;
Vo=obsv_mat(A,c)     //求解能观测性判别矩阵 Vo
rank_Vo=rank(Vo)     //求矩阵 Vo 的秩
```

因为 $\boldsymbol{V}\text{o}=\begin{bmatrix} c \\ cA \end{bmatrix}=\begin{bmatrix} 1 & 1 \\ 1 & 2 \end{bmatrix}$，rank$\boldsymbol{V}o=2$，因此系统是能观测的。

② 求转换矩阵 $\boldsymbol{T}$：

```
Vo_1=inv(Vo);        //求 Vo 的逆矩阵
t1=Vo_1*[0;1];       //求 t1
At1=A*t1;            //求 At1
T=[t1 At1];          //求矩阵 T
T_1=inv(T);          //求矩阵 T 的逆矩阵
```

这一步的 Scilab 程序对应的计算结果如下：

$$\boldsymbol{V}_{\text{o}}^{-1}=\begin{bmatrix} 2 & -1 \\ -1 & 1 \end{bmatrix}$$

$$\boldsymbol{t}_1=\boldsymbol{V}_{\text{o}}^{-1}\begin{bmatrix} 0 \\ 1 \end{bmatrix}=\begin{bmatrix} 2 & -1 \\ -1 & 1 \end{bmatrix}\begin{bmatrix} 0 \\ 1 \end{bmatrix}=\begin{bmatrix} -1 \\ 1 \end{bmatrix}$$

$$\boldsymbol{T}=\begin{bmatrix} \boldsymbol{t}_1 & \boldsymbol{A}\boldsymbol{t}_1 \end{bmatrix}=\begin{bmatrix} -1 & -1 \\ 1 & 2 \end{bmatrix}$$

$$\boldsymbol{T}^{-1}==\begin{bmatrix} -1 & -1 \\ 1 & 2 \end{bmatrix}^{-1}=\begin{bmatrix} -2 & -1 \\ 1 & 1 \end{bmatrix}$$

③ 化为能控标准型：

```
Ao=T_1*A*T;
bo=T_1*b;
co=c*T;
```

这一步的 Scilab 程序对应的计算结果如下：

$$\boldsymbol{A}_{\text{o}}=\boldsymbol{T}^{-1}\boldsymbol{A}\boldsymbol{T}=\begin{bmatrix} -2 & -1 \\ 1 & 1 \end{bmatrix}\begin{bmatrix} 1 & 0 \\ 0 & 2 \end{bmatrix}\begin{bmatrix} -1 & -1 \\ 1 & 2 \end{bmatrix}=\begin{bmatrix} 0 & -2 \\ 1 & 3 \end{bmatrix}$$

$$\boldsymbol{b}_{\mathrm{o}}=\boldsymbol{T}^{-1}\boldsymbol{b}=\begin{bmatrix}-2 & -1\\1 & 1\end{bmatrix}\begin{bmatrix}1\\1\end{bmatrix}=\begin{bmatrix}-3\\2\end{bmatrix}$$

$$\boldsymbol{c}_{\mathrm{o}}=\boldsymbol{c}\boldsymbol{T}=\begin{bmatrix}1 & 1\end{bmatrix}\begin{bmatrix}-1 & -1\\1 & 2\end{bmatrix}=\begin{bmatrix}0 & 1\end{bmatrix}$$

因此，原系统的能观测标准型为

$$\begin{cases}\dot{\tilde{\boldsymbol{x}}}(t)=\begin{bmatrix}0 & -2\\1 & 3\end{bmatrix}\tilde{\boldsymbol{x}}(t)+\begin{bmatrix}-3\\2\end{bmatrix}u(t)\\ y(t)=\begin{bmatrix}0 & 1\end{bmatrix}\tilde{x}(t)\end{cases}$$

④ 求转化为能观测标准型后的传递函数。

```
ss_sys_new2=syslin("c",Ao,bo,co,d);
tf_sys_new2=ss2tf(ss_sys_new2)  //转换之后系统的传递函数
```

此时求得的传递函数为

$$G(s)=\frac{2s-3}{s^2-3s+2}$$

可见，系统的特征多项式(传递函数的分母）中 s 的系数与转换后的系统矩阵 Ao 最后一列参数的关系满足式(8-16）中对矩阵 Ao 的定义。

8.3 本章小结

作为现代控制理论中对系统性能的分析，本章讨论了系统的状态能控性与能观测性，内容包括：

① 系统的状态能控性判据及 Scilab 程序的实现，以及在系统能控下化为对角标准型、约当标准型和能控标准型的方法。

② 系统的状态能观测性判据及 Scilab 程序的实现，以及在系统能观测下化为对角标准型、约当标准型和能观测标准型的方法。

1. 设两个系统的状态空间表达式分别为

(1) $\begin{cases} \dot{x}=\begin{bmatrix}1 & 0\\0 & -1\end{bmatrix}x+\begin{bmatrix}1\\0\end{bmatrix}u \\ y=\begin{bmatrix}1 & 1\end{bmatrix}x \end{cases}$， (2) $\begin{cases} \dot{x}=\begin{bmatrix}0 & 1\\-2 & 3\end{bmatrix}x+\begin{bmatrix}0\\1\end{bmatrix}u \\ y=\begin{bmatrix}-3 & 2\end{bmatrix}x \end{cases}$，

判断系统的状态可控性并求出系统的传递函数 $G(s)=\dfrac{Y(s)}{U(s)}$。（参考第 8.1.1 节）

2. 判断习题 1 中的两系统能否转化为对角标准型、约当标准型和能控标准型。如可以则编程完成转化。（参考第 8.1.2 节）

3. 判断习题 1 中的两个系统状态能否观测。（参考第 8.2.1 节）

4. 判断习题 1 中的两系统能否转化为对角标准型、约当标准型和能观测标准型。如可以则编程完成转化。（参考第 8.2.2 节）

随手记

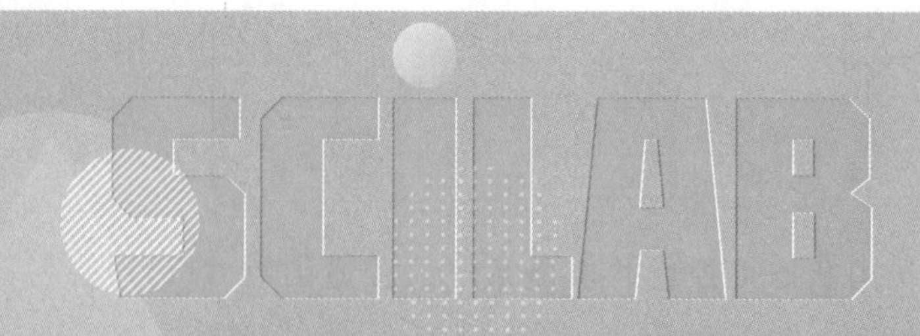

第9章 Scilab中控制系统的状态反馈与状态观测器

我们知道闭环系统的性能与闭环极点（特征值）密切相关，在经典控制理论中用输出反馈或引入校正装置的方式来改变极点的数量、大小（和位置）以改善系统性能。而现代控制理论由于采用了状态空间表达式来描述系统，因此主要利用状态反馈（State feedback）来配置极点，状态反馈可以实现闭环系统极点的任意配置。同时，由于系统的状态变量在工程实际中并不都是可测量的，有时候需要根据已知的输入和输出进行估计（预测），这就是状态观测器（State observer）的设计。

本章将讨论利用 Scilab 完成状态反馈下的极点配置和带观测器的状态反馈系统设计。

9.1 系统的状态反馈和极点配置

线性定常系统的状态空间表达式为

$$\begin{cases}\dot{x}(t)=\boldsymbol{A}x(t)+\boldsymbol{B}u(t)\\ y(t)=\boldsymbol{C}x(t)+\boldsymbol{D}u(t)\end{cases} \tag{9-1}$$

其系统结构如图 9-1 所示。

我们知道，系统闭环传递函数的极点就是式(9-1) 中矩阵 $\boldsymbol{A}$ 的特征值，它

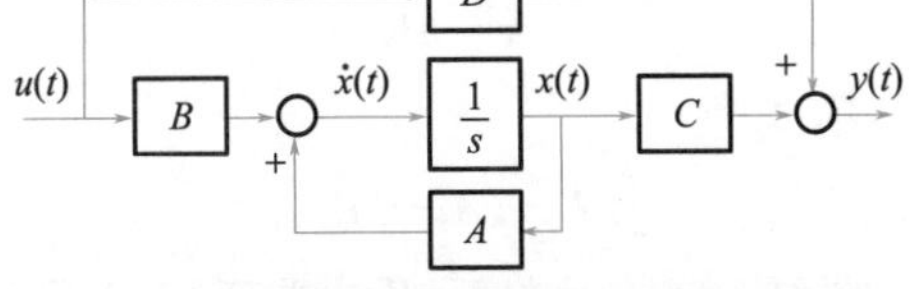

图 9-1 状态空间表达式下的系统结构图

反映了系统的特性。那么如果原系统的特性不满足要求，就需要修改矩阵 $\boldsymbol{A}$ 的特征值，为此引入了状态反馈和极点配置的概念。

9.1.1 状态反馈和极点配置

状态反馈就是将系统的每一个状态变量乘以相应的系数之后反馈回来并与参考输入相加，其和作为受控系统的输入。增加了状态反馈后的系统如图 9-2 所示。

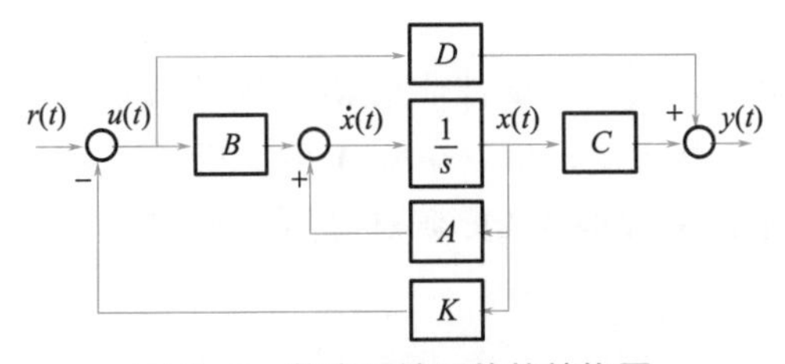

图 9-2 状态反馈系统的结构图

与图 9-1 相比，在图 9-2 中引入了状态反馈，得到

$$\boldsymbol{u}=\boldsymbol{r}-\boldsymbol{K}\boldsymbol{x} \tag{9-2}$$

式中，$\boldsymbol{r}$ 为 $r\times 1$ 的参考输入向量；$\boldsymbol{K}$ 为 $r\times n$ 的状态反馈矩阵。

将式(9-2) 代入式(9-1) 中，可得状态反馈系统的表达式为

$$\dot{\boldsymbol{x}}=\boldsymbol{A}\boldsymbol{x}+\boldsymbol{B}(\boldsymbol{r}-\boldsymbol{K}\boldsymbol{x})=(\boldsymbol{A}-\boldsymbol{B}\boldsymbol{K})\boldsymbol{x}+\boldsymbol{B}\boldsymbol{r}$$

$$\boldsymbol{y}=\boldsymbol{C}\boldsymbol{x}+\boldsymbol{D}(\boldsymbol{r}-\boldsymbol{K}\boldsymbol{x})=(\boldsymbol{C}-\boldsymbol{D}\boldsymbol{K})\boldsymbol{x}+\boldsymbol{D}\boldsymbol{r}$$

即

$$\begin{cases}\dot{\boldsymbol{x}}=(\boldsymbol{A}-\boldsymbol{B}\boldsymbol{K})\boldsymbol{x}+\boldsymbol{B}\boldsymbol{r}\\ \boldsymbol{y}=(\boldsymbol{C}-\boldsymbol{D}\boldsymbol{K})\boldsymbol{x}+\boldsymbol{D}\boldsymbol{r}\end{cases} \tag{9-3}$$

在此我们仅讨论单输入单输出系统，并且没有从输入到输出的前馈，因此式(9-3) 中的矩阵 $\boldsymbol{B}$ 和 $\boldsymbol{C}$ 退化为向量 $\boldsymbol{b}$ 和 $\boldsymbol{c}$，同时 $\boldsymbol{D}=0$。则得到

$$\begin{cases}\dot{\boldsymbol{x}}=(\boldsymbol{A}-\boldsymbol{b}\boldsymbol{K})\boldsymbol{x}+\boldsymbol{b}\mathbf{r}\\ \boldsymbol{y}=\boldsymbol{c}\mathbf{x}\end{cases} \tag{9-4}$$

因此，增加了状态反馈后新的系统矩阵为

$$\boldsymbol{A}-\boldsymbol{bK} \tag{9-5}$$

对应的闭环特征多项式为

$$|\lambda\boldsymbol{I}-(\boldsymbol{A}-\boldsymbol{bK})| \tag{9-6}$$

由式(9-4) 可见，在引入状态反馈后只是重新配置了系统矩阵及其特征值，$\boldsymbol{b}$、$\boldsymbol{c}$ 均无变化。而且引入状态反馈阵 $\boldsymbol{K}$ 后并没有增加新的状态变量，也不改变系统的维数，但可以通过矩阵 $\boldsymbol{K}$ 中各元素的数值自由地改变闭环系统的特征值，从而得到满足性能指标的系统。

如果系统为单输入单输出，则状态反馈阵 $\boldsymbol{K}$ 退化为 $1\times n$ 向量 $\boldsymbol{k}$，即 $\boldsymbol{k}=[k_1 \quad k_2 \quad \cdots \quad k_n]$，称为状态反馈增益矩阵（向量）。通过对反馈增益矩阵 $\boldsymbol{K}$ 的设计，就可以使闭环系统的极点恰好处于 s 平面上所期望的位置。这种利用状态反馈矩阵 $\boldsymbol{K}$ 来改变系统闭环极点的方法也被称为“极点配置”。

9.1.2 利用 Scilab 完成状态反馈下的极点配置

在现代控制理论中，决定系统性质的就是状态空间方程中矩阵 $\boldsymbol{A}$ 所对应的特征值。当系统中引入状态反馈后，矩阵 $\boldsymbol{A}$ 就变成了 $\boldsymbol{A}$-$\boldsymbol{BK}$。虽然 $\boldsymbol{A}$、$\boldsymbol{B}$ 不能改变，但可以通过配置 $\boldsymbol{K}$ 来改变 $\boldsymbol{A}$-$\boldsymbol{BK}$ 所对应的特征值。

说明

将一个系统通过状态反馈能够使其闭环极点任意配置的充分必要条件是原系统的状态能控。

下面通过一个例题详细说明如何完成状态反馈下的极点配置。

例 9-1 已知系统的状态空间表达式为

$$\begin{cases}\dot{\boldsymbol{x}}=\begin{bmatrix}2 & 1\\-1 & 1\end{bmatrix}\boldsymbol{x}+\begin{bmatrix}1\\2\end{bmatrix}\boldsymbol{u}\\ y=[1 \quad 0]\boldsymbol{x}\end{cases}$$

设计状态反馈增益矩阵 $\boldsymbol{k}$ 使闭环极点配置在（-1，-2）上。

解：

① 首先确认原系统是否能控。

```
s=%s;
A=[2 1;-1 1];b=[1;2];c=[1 0];d=0;
```

```
Uc=cont_mat(A,b)  //求解能控性判别矩阵Uc
rank_Uc=rank(Uc)  //求矩阵Uc的秩
```

这一步的Scilab执行结果显示系统的状态能控矩阵

$$\boldsymbol{U}_c=[\boldsymbol{b}\quad \boldsymbol{Ab}]=\begin{bmatrix}1 & 4\\ 2 & 1\end{bmatrix}$$

$$\text{rank}\boldsymbol{U}_c=2$$

因此系统是能控的，可以通过状态反馈实现闭环系统极点的任意配置。

② 在增加了状态反馈后得到式(9-2)，令状态反馈阵

$$\boldsymbol{k}=[k_1\quad k_2]$$

则根据式(9-4) 得到

$$\boldsymbol{A}-\boldsymbol{bk}=\begin{bmatrix}2 & 1\\ -1 & 1\end{bmatrix}-\begin{bmatrix}1\\ 2\end{bmatrix}[k_1\quad k_2]=\begin{bmatrix}2-k_1 & 1-k_2\\ -1-2k_1 & 1-2k_2\end{bmatrix}$$

因此，新系统的特征多项式为

$$f(s)=|s\boldsymbol{I}-(\boldsymbol{A}-\boldsymbol{bk})|=\begin{vmatrix}s-2+k_1 & -1+k_2\\ 1+2k_1 & s-1+2k_2\end{vmatrix}$$

$$=s^2+(-3+k_1+2k_2)s+(k_1-5k_2+3)$$

③ 因为期望配置的闭环系统极点是−1、−2，所以期望的闭环特征多项式为

$$f^*(s)=(s-\lambda_1)(s-\lambda_2)=(s+1)(s+2)=s^2+3s+2$$

④ 对比 $f(s)$ 和 $f^*(s)$，令 s 的各次数对应的系数分别相等，可得

$$\begin{cases}-3+k_1+2k_2=3\\ k_1-5k_2+3=2\end{cases}$$

即

$$\boldsymbol{k}=[k_1\quad k_2]=[4\quad 1]$$

将上述步骤②至步骤④结合起来就是Scilab中的函数ppol，它直接求取状态反馈阵 $\boldsymbol{k}=[k_1\quad k_2]$。

```
poles=[-1,-2];              //期望配置的闭环极点
K_sf=ppol(A,b,poles)        //求取配置新极点时所需的状态反馈阵k=[k1  k2]
poles_new=spec(A-b*K_sf)    //确认矩阵A-bk的特征值是否是期望配置的闭环极点
```

可以看到上述程序执行后，状态反馈阵 $\boldsymbol{k}$ 和配置新极点后系统矩阵 $\boldsymbol{A}$-$\boldsymbol{bk}$ 对

应的特征值分别为

```
K_sf=

  4.   1.
```

```
poles_new=

  -2.+0.i
  -1.+0.i
```

可见，原系统在增加状态反馈阵 $\boldsymbol{k}=[4 \quad 1]$ 后，新配置的极点正是所期望的 -2 和 -1。

9.2 系统的状态观测器

前一节介绍的状态反馈说明从理论上可以通过配置闭环极点有效改善系统的性能。但是，在利用状态反馈进行极点配置时，是需要将这些状态变量进行反馈的。很多时候我们需要了解这些状态变量的数据及其变化情况，但是在实际中，有些状态变量本身无物理意义或有些状态变量的信号很微弱，或者在测量点处易混进噪声等，这些因素都会使得某些状态变量无法测量或难以应用。

因此，为了深入分析系统性能，在不易直接获得系统状态变量的情况下，我们可以构造一个装置对原系统的状态变量进行估计。如果构造的装置其输出能够无限逼近原系统的状态变量，这个装置就叫做原系统的状态观测器（State observer）。

有关状态观测器的详细说明请参阅本书提供的与自动控制理论相关的参考文献。在此只给出结论性的内容并通过 Scilab 完成编程仿真。

假设原线性定常系统的状态 $\boldsymbol{x}$ 是能观测的（需要说明的是，一个系统能观测是一种性质，表明理论上是没有问题的，但现实中有可能这些状态变量无法利用现有的传感器直接检测出来），其状态空间表达式和初始状态分别为

$$\begin{cases}\dot{\boldsymbol{x}}=\boldsymbol{A}\boldsymbol{x}+\boldsymbol{B}\boldsymbol{u} \\ \boldsymbol{y}=\boldsymbol{C}\boldsymbol{x}\end{cases}, \quad \boldsymbol{x}(t_0)=\boldsymbol{x}(0) \tag{9-7}$$

我们构造一个状态观测器，它的矩阵 $\boldsymbol{A}$、$\boldsymbol{B}$、$\boldsymbol{C}$ 与原系统相同。其状态空间表达式和初始状态为

$$\begin{cases}\dot{\hat{\boldsymbol{x}}}=\boldsymbol{A}\hat{\boldsymbol{x}}+\boldsymbol{B}\boldsymbol{u} \\ \hat{\boldsymbol{y}}=\boldsymbol{C}\hat{\boldsymbol{x}}\end{cases}, \quad \hat{\boldsymbol{x}}(t_0)=\hat{\boldsymbol{x}}(0) \tag{9-8}$$

将状态观测器按照如图 9-3 所示添加到原系统上，其中矩阵 $\boldsymbol{L}$ 为状态观测器的反馈阵。得到原系统与观测器的输出误差为

$$\boldsymbol{y}-\hat{\boldsymbol{y}}=\boldsymbol{C}(\boldsymbol{x}-\hat{\boldsymbol{x}}) \tag{9-9}$$

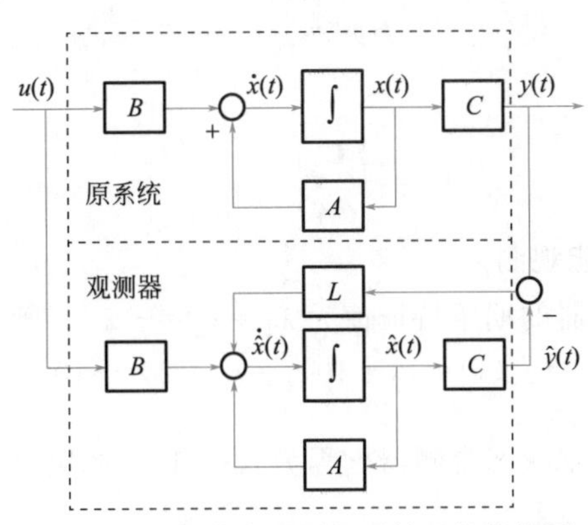

图 9-3 添加状态观测器后的系统结构图

这一误差被引入到状态观测器的输入端，因此式(9-8) 变为

$$\begin{cases}\dot{\hat{\boldsymbol{x}}}=\boldsymbol{A}\hat{x}+\boldsymbol{B}u+\boldsymbol{L}(y-\hat{y})=\boldsymbol{A}\hat{x}+\boldsymbol{B}u+\boldsymbol{LC}(x-\hat{x})=(\boldsymbol{A}-\boldsymbol{LC})\hat{x}+\boldsymbol{B}u+\boldsymbol{L}y\\ \hat{\boldsymbol{y}}=\boldsymbol{C}\hat{x}\end{cases} \tag{9-10}$$

在此不加证明地给出如下结论：当且仅当原系统满足状态能观测性条件时，就能够设计出状态观测器。而且如果矩阵 **A-LC** 是稳定的，则不管 $\boldsymbol{x}(t_0)$ 和 $\hat{\boldsymbol{x}}(t_0)$ 值如何，随着时间的增长，$\hat{\boldsymbol{x}}(t)$ 都将收敛到 $\boldsymbol{x}(t)$，即

$$\lim_{t\to\infty}\widetilde{\boldsymbol{x}}_{\mathrm{e}}=\lim_{t\to\infty}|\hat{\boldsymbol{x}}-\boldsymbol{x}|=0 \tag{9-11}$$

式(9-11) 表明，随着时间的增长，我们构造出来的状态观测器中的状态变量值将无限接近原系统中的状态变量，因此可以将状态观测器中的状态变量“视为”原系统中的状态变量。下面给出一个例题来说明状态观测器的设计。

例 9-2 已知线性定常系统

$$\begin{cases}\dot{\boldsymbol{x}}=\begin{bmatrix}0 & 1\\ -2 & -3\end{bmatrix}\boldsymbol{x}+\begin{bmatrix}0\\ 1\end{bmatrix}\boldsymbol{u}\\ \boldsymbol{y}=[3 \quad 0]\boldsymbol{x}\end{cases}$$

设计观测器，使得观测器的特征值为 $\lambda_1=\lambda_2=-10$。

解：

① 首先判断系统的能观测性。

```
s=%s;
A=[0 1;-2-3];b=[0;1];c=[3 0];d=0;
Vo=obsv_mat(A,c)     //求解能观测性判别矩阵 Vo
rank_Vo=rank(Vo)     //求矩阵 Vo 的秩
```

因为

$$\mathbf{Vo}=\begin{bmatrix}\boldsymbol{C}\\ \boldsymbol{CA}\end{bmatrix}=\begin{bmatrix}3 & 0\\ 0 & 3\end{bmatrix}$$

满秩，所以系统能观测。

② 因为状态观测器的期望特征值为 $\lambda_1=\lambda_2=-10$，所以

$$f^*(s)=(s+10)^2=s^2+20s+100$$

③ 设 $\boldsymbol{L}=\begin{bmatrix}l_1\\ l_2\end{bmatrix}$，则状态观测器方程为式(9-10) 的第一行，即

$$\dot{\hat{\boldsymbol{x}}}=(\boldsymbol{A}-\boldsymbol{LC})\hat{\boldsymbol{x}}+\boldsymbol{Bu}+\boldsymbol{Ly}$$

其特征多项式为

$$f(s)=|s\boldsymbol{I}-(\boldsymbol{A}-\boldsymbol{LC})|=\left|\begin{bmatrix}s & 0\\ 0 & s\end{bmatrix}-\begin{bmatrix}0 & 1\\ -2 & -3\end{bmatrix}+\begin{bmatrix}l_1\\ l_2\end{bmatrix}\begin{bmatrix}3 & 0\end{bmatrix}\right|$$

$$=\begin{vmatrix}s+3l_1 & -1\\ 2+3l_2 & s+3\end{vmatrix}=s^2+(3+3l_1)s+(2+3l_2+9l_1)$$

④ 令 $f(s)=f^*(s)$，得到

$$\begin{cases}3+3l_1=20\\ 2+3l_2+9l_1=100\end{cases}$$

解得

$$\begin{cases}l_1=\dfrac{17}{3}\\ l_2=\dfrac{47}{3}\end{cases}$$

所以观测器的反馈矩阵为 $\boldsymbol{L}=\begin{bmatrix}\dfrac{17}{3}\\ \dfrac{47}{3}\end{bmatrix}$

系统的状态观测器方程为

$$\dot{\hat{\boldsymbol{x}}}=(\boldsymbol{A}-\boldsymbol{LC})\hat{\boldsymbol{x}}+\boldsymbol{Bu}+\boldsymbol{Ly}=\begin{bmatrix}-17 & 1\\ -49 & -3\end{bmatrix}\hat{\boldsymbol{x}}+\begin{bmatrix}0\\ 1\end{bmatrix}\boldsymbol{u}+\begin{bmatrix}\dfrac{17}{3}\\ \dfrac{47}{3}\end{bmatrix}y$$

将上述步骤②至步骤④结合在一起就是 Scilab 中的函数 ppol，它能够求取针对指定极点的反馈阵。

```
poles=[-10,-10];                    //期望配置的观测器特征值
L_tmp=ppol(A',c',poles);  //求取配置观测器时所需的反馈阵 L
L=L_tmp'
poles_new=spec(A-L*c)     //确认矩阵 A-Lc 的特征值是否是期望配置的观测
                                         器特征值
```

可以看到上述程序执行后，状态观测器的反馈阵 $\boldsymbol{L}$ 和配置观测器后系统矩阵 $\boldsymbol{A}$-$\boldsymbol{Lc}$ 对应的特征值分别为

```
L=

5.6666667
15.666667
```

```
poles_new=

- 10.          + 0.i
- 9.9999999    + 0.i
```

例 9-2 的步骤④中解出的 $\boldsymbol{L}=\begin{bmatrix}\frac{17}{3}\\\frac{47}{3}\end{bmatrix}$ 与 Scilab 程序解出的结果 $L=\begin{bmatrix}l_1\\l_2\end{bmatrix}=\begin{bmatrix}5.6666667\\15.666667\end{bmatrix}$ 是一致的，原系统在增加状态观测器后的极点也是所期望的－10 和－10（Scilab 的结果为－9.9999999，这是计算机在进行数值计算是产生的误差所致）。

9.3 利用 Scilab 完成带观测器的状态反馈系统设计

如前所述，状态反馈是利用原系统真实的状态进行反馈控制，但是由于原系统的真实状态有时无法测量或不易获得，这时可以通过观测器对其状态进行估计，并将观测到的状态估计值代替真实状态用于状态反馈，这就是采用观测器的状态反馈系统。

带观测器的状态反馈系统由原系统、观测器和观测状态的反馈组成，如图 9-4 所示，它其实就是本章前两节内容的结合。

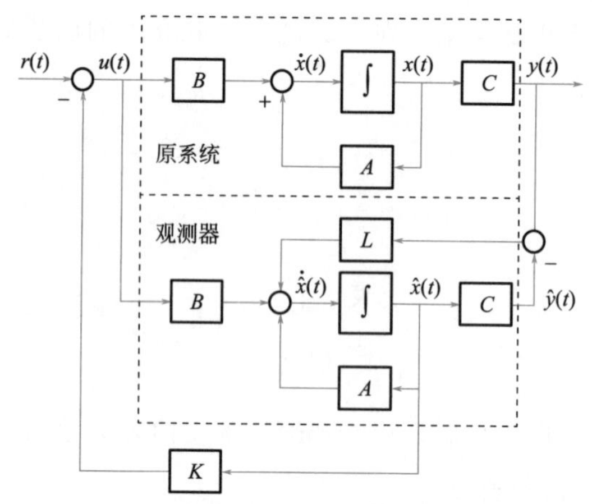

图9-4　带状态观测器的状态反馈系统

在图9-4中，如果原系统的所有状态变量均可以直接使用，那么就不需要增加观测器，从而状态反馈系统变成图9-2所示的形式(设 $\boldsymbol{D}=0$)。否则就需要如图9-4所示加入观测器，而且反馈的是观测器中的状态。设计带观测器的状态反馈系统过程如下。

在图9-4中，设能控且能观测的原系统为

$$\begin{cases}\dot{\boldsymbol{x}}=\boldsymbol{A}\boldsymbol{x}+\boldsymbol{B}\boldsymbol{u}\\ \boldsymbol{y}=\boldsymbol{C}\boldsymbol{x}\end{cases}\tag{9-12}$$

状态反馈控制为

$$\boldsymbol{u}=\boldsymbol{r}-\boldsymbol{K}\hat{\boldsymbol{x}}\tag{9-13}$$

状态观测方程为

$$\dot{\hat{\boldsymbol{x}}}=(\boldsymbol{A}-\boldsymbol{L}\boldsymbol{C})\hat{\boldsymbol{x}}+\boldsymbol{B}\boldsymbol{u}+\boldsymbol{L}\boldsymbol{y}\tag{9-14}$$

联合式(9-12)、式(9-13) 和式(9-14) 得

$$\begin{cases}\dot{\boldsymbol{x}}=\boldsymbol{A}\boldsymbol{x}-\boldsymbol{B}\boldsymbol{K}\hat{\boldsymbol{x}}+\boldsymbol{B}\boldsymbol{r}\\ \dot{\hat{\boldsymbol{x}}}=\boldsymbol{L}\boldsymbol{C}\boldsymbol{x}+(\boldsymbol{A}-\boldsymbol{L}\boldsymbol{C}-\boldsymbol{B}\boldsymbol{K})\hat{\boldsymbol{x}}+\boldsymbol{B}\boldsymbol{r}\\ \boldsymbol{y}=\boldsymbol{C}\boldsymbol{x}\end{cases}\tag{9-15}$$

即

$$\begin{cases}\begin{bmatrix}\dot{\boldsymbol{x}}\\ \dot{\hat{\boldsymbol{x}}}\end{bmatrix}=\begin{bmatrix}\boldsymbol{A} & -\boldsymbol{B}\boldsymbol{K}\\ \boldsymbol{L}\boldsymbol{C} & \boldsymbol{A}-\boldsymbol{L}\boldsymbol{C}-\boldsymbol{B}\boldsymbol{K}\end{bmatrix}\begin{bmatrix}\boldsymbol{x}\\ \hat{\boldsymbol{x}}\end{bmatrix}+\begin{bmatrix}\boldsymbol{B}\\ \boldsymbol{B}\end{bmatrix}\boldsymbol{r}\\ \boldsymbol{y}=\begin{bmatrix}\boldsymbol{C} & 0\end{bmatrix}\begin{bmatrix}\boldsymbol{x}\\ \hat{\boldsymbol{x}}\end{bmatrix}\end{cases}\tag{9-16}$$

例9-3　已知系统的传递函数为

$$G(s)=\frac{100}{s(s+5)}$$

若状态变量不能直接测量，采用状态观测器（状态观测器的特征值为$\lambda_1=\lambda_2=-50$）实现状态反馈控制，使闭环系统的极点配置在$-7.07\pm j7.07$。

要求：通过该例题利用Scilab综合复习第7章的由传递函数转化为状态空间表达式，以及第8章的判断系统能控性和能观测性、化为能控标准型的内容，并最终完成带观测器的状态反馈系统设计。

① 将传递函数转化为状态空间表达式。

```
s=%s
num=100;den=s^2+5*s;          //分别给出传递函数的分子和分母多项式
tf_sys=syslin("c",num,den) //将传递函数的各因子组合起来
ss_sys=tf2ss(tf_sys)          //将传递函数转换成状态空间表达式
```

执行上面的Scilab程序，得到转换后的状态空间表达式中矩阵***A***、***B***、***C***、***D***分别为变量ss _ sys中的ss _ sys（2）至ss _ sys（5），如下所示。

```
ss_sys(2)=A matrix=


  0.    1.
  0.   -5.
ss_sys(3)=B matrix=


  0.
  10.


ss_sys(4)=C matrix=


  10.     0.
ss_sys(5)=D matrix=


  0.
```

② 检测原系统的能控性和能观测性。

```
A= ss_sys(2);
b=ss_sys(3);
c=ss_sys(4);
```

```
d=ss_sys(5);
Uc=cont_mat(A,b)      //求解能控性判别矩阵 Uc
rank_Uc=rank(Uc)      //求矩阵 Uc 的秩
Vo=obsv_mat(A,c)      //求解能观测性判别矩阵 Vo
rank_Vo=rank(Vo)      //求矩阵 Vo 的秩
```

执行上面的 Scilab 程序，得到 rang _ Uc=2 和 rank _ Vo=2，即原系统能控并且能观测。

③ 将原系统转化为能控标准型。

```
Uc_1=inv(Uc);      //求 Uc 的逆矩阵
p1=[0 1]*Uc_1;     //求 p1
p1A=p1*A;
P_1=[p1;p1A];      //求矩阵 P 的逆矩阵
P=inv(P_1);        //求矩阵 P
Ac=P_1*A*P;        //得到能控标准型的 Ac
bc=P_1*b;          //得到能控标准型的 bc
cc=c*P;            //得到能控标准型的 cc
```

执行上面的 Scilab 程序，就可以将能控的原系统化为能控标准型，其中系数矩阵 $\boldsymbol{Ac}=\begin{bmatrix}0 & 1\\0 & -5\end{bmatrix}$，$\boldsymbol{bc}=\begin{bmatrix}0\\1\end{bmatrix}$，$\boldsymbol{cc}=[100 \quad 0]$，即

$$\dot{\boldsymbol{x}}=\begin{bmatrix}0 & 1\\0 & -5\end{bmatrix}\boldsymbol{x}+\begin{bmatrix}0\\1\end{bmatrix}\boldsymbol{u}$$

$$\boldsymbol{y}=[100 \quad 0]\boldsymbol{x}$$

④ 按期望的闭环极点设计状态反馈增益矩阵 $\boldsymbol{k}=[k_1 \quad k_2]$。

直接状态反馈后闭环系统的特征多项式为

$$\begin{aligned}f(s)&=|s\boldsymbol{I}-(\boldsymbol{A}-\boldsymbol{bk})|\\&=\left|\begin{bmatrix}s & 0\\0 & s\end{bmatrix}-\begin{bmatrix}0 & 1\\0 & -5\end{bmatrix}+\begin{bmatrix}0\\1\end{bmatrix}[k_1 \quad k_2]\right|\\&=s^2+(5+k_2)s+k_1\end{aligned}$$

闭环系统期望特征多项式为

$$f^*(s)=(s+7.07-\mathrm{j}7.07)(s+7.07+\mathrm{j}7.07)=s^2+14.14s+100$$

令 $f(s)=f^*(s)$，得到 $k_1=100$，$k_2=9.14$，即

$$\boldsymbol{k}=[k_1 \quad k_2]=[100 \quad 9.14]$$

这一步对应的 Scilab 程序如下：

```
poles_K=[-7.07+7.07*%i,-7.07-7.07*%i];//期望配置的闭环极点
K_sf=ppol(Ac,bc,poles_K)  //求取配置新极点时所需的状态反馈阵 k= [k1  k2]
poles_new_K=spec(Ac-bc*K_sf);//确认矩阵 A-bk 的特征值是否是期望配置的
                                闭环极点
```

⑤ 设计状态观测器的反馈矩阵 $\boldsymbol{L}$。

$$\boldsymbol{A}_c-\boldsymbol{L}c_c=\begin{bmatrix}0 & 1\\0 & -5\end{bmatrix}-\begin{bmatrix}l_1\\l_2\end{bmatrix}[100 \quad 0]=\begin{bmatrix}-100l_1 & 1\\-100l_2 & -5\end{bmatrix}$$

$$f(s)=|s\boldsymbol{I}-(\boldsymbol{A}_c-\boldsymbol{L}c_c)|=\begin{vmatrix}s+100l_1 & -1\\100l_2 & s+5\end{vmatrix}=s^2+(100l_1+5)s+500l_1+100l_2$$

因为状态观测器的特征值为 $\lambda_1=\lambda_2=-50$，所以

$$f^*(s)=(s+50)^2=s^2+100s+2500$$

令 $f(s)=f^*(s)$，得 $l_1=0.95$，$l_2=20.25$。即

$$\boldsymbol{L}=\begin{bmatrix}l_1\\l_2\end{bmatrix}=\begin{bmatrix}0.95\\20.25\end{bmatrix}$$

这一步对应的 Scilab 程序如下：

```
poles_L=[-50,-50];                  //期望配置的观测器特征值
L_tmp=ppol(Ac',cc',poles_L);        //求取配置观测器时所需的反馈阵 L
L=L_tmp'
poles_new_L=spec(Ac-L*cc)           //确认矩阵 A-Lc 的特征值是否是期望配置
                                      的观测器特征值
```

至此，针对一个控制系统，在确认状态能控且能观测的情况下，完成了带观测器的状态反馈系统设计。希望读者按照该例题给出的 Scilab 程序和说明可以举一反三，了解在现代控制理论指导下的对系统性能的分析和控制系统的设计以及 Scilab 的实现。

9.4 本章小结

本书的第 7 章至第 8 章是对现代控制理论部分的介绍。而本章是在前两章的

基础上最终完成对控制系统的设计改造。主要内容包括：

① 在系统状态能控的前提下，通过状态反馈完成任意闭环极点的配置。

② 在系统状态能观测的前提下，设计系统的观测器。

③ 结合前两个内容，最终完成系统的带观测器的状态反馈设计。

1. 已知系统的状态空间表达式为$\begin{cases}\dot{\boldsymbol{x}}=\begin{bmatrix}1 & 0\\0 & 2\end{bmatrix}\boldsymbol{x}+\begin{bmatrix}1\\1\end{bmatrix}\boldsymbol{u}\\ \boldsymbol{y}=\begin{bmatrix}1 & 1\end{bmatrix}\boldsymbol{x}\end{cases}$，编程求取状态反馈增益矩阵$\boldsymbol{K}$，使得闭环系统的极点配置在$s_1=-2$，$s_2=-3$。(参考第 9.1 节)

2. 已知系统的状态空间表达式为$\begin{cases}\dot{\boldsymbol{x}}=\begin{bmatrix}1 & 0\\0 & 2\end{bmatrix}\boldsymbol{x}+\begin{bmatrix}1\\1\end{bmatrix}\boldsymbol{u}\\ \boldsymbol{y}=\begin{bmatrix}1 & 1\end{bmatrix}\boldsymbol{x}\end{cases}$，设计一个状态观测器，使得观测器的特征值为$\lambda_1=\lambda_2=-10$。(参考第 9.2 节)

3. 已知系统的传递函数为

$$G(s)=\frac{2s+1}{s^2-3s+2}$$

若状态变量不能直接测量，采用状态观测器（状态观测器的特征值为$\lambda_1=\lambda_2=-20$）实现状态反馈控制，使闭环系统的极点配置在$s_1=-4$，$s_2=-5$。(参考第 9.3 节)

随手记

参考文献

[1] 刘振全，贾红艳，戴凤智等. 自动控制原理［M］. 西安：西安电子科技大学出版社，2017.

[2] ［日］桥本洋志，石井千春，小林裕之等. Scilabで学ぶシステム制御の基礎（利用 Scilab 学习系统控制的基础）［M］. 日本：Ohmsha 出版社，2007.

[3] 牛弘，戴凤智，刘振全. 自动控制原理学习指导与习题解析［M］. 西安：西安电子科技大学出版社，2020.

[4] 刘振全，杨世凤. MATLAB 语言与控制系统仿真实训教程［M］. 北京：化学工业出版社，2010.

[5] 舒欣梅，龙驹，宋潇潇. 现代控制理论基础［M］. 西安：西安电子科技大学出版社，2013.

[6] 程鹏. 自动控制原理实验教程［M］. 北京：清华大学出版社，2008.

随手记